低空无人机集群反制技术

李学龙◎主编

于登秀　彭弘毅　王震◎副主编

人民邮电出版社

北　京

图书在版编目（CIP）数据

低空无人机集群反制技术 / 李学龙主编. -- 北京：

人民邮电出版社，2024. -- ISBN 978-7-115-65667-4

Ⅰ. V279

中国国家版本馆 CIP 数据核字第 2024WA0925 号

内 容 提 要

　　本书主要介绍了低空安防的背景和低空无人机集群反制的相关概念，并详细阐述了针对低空无人机集群的反制技术及反制效能评估，系统地分析了面向低空无人机集群的态势感知与推演技术，解析了多模态信息融合体系架构，列举了该技术的典型系统；同时重点论述了基于强化学习的协同反制动态决策算法，介绍了车载式无人机侦测管制集成系统，普及了空域管理和低空安防的主要法律法规，展望了低空安防领域的未来发展。

　　本书主要面向信息系统科学与技术相关学科的高校学生，以及从事无人机反制技术相关研究的科研工作者、企业中的技术管理者。本书对航空管制相关专业的技术人员也有一定参考价值。

◆ 主　　编　李学龙

　　副 主 编　于登秀　彭弘毅　王 震

　　责任编辑　刘亚珍

　　责任印制　马振武

◆ 人民邮电出版社出版发行　　北京市丰台区成寿寺路 11 号

　　邮编　100164　电子邮件　315@ptpress.com.cn

　　网址　https://www.ptpress.com.cn

　　固安县铭成印刷有限公司印刷

◆ 开本：787×1092　1/16

　　印张：15.25　　　　　　　　2024 年 12 月第 1 版

　　字数：238 千字　　　　　　　2024 年 12 月河北第 1 次印刷

定价：118.00 元

读者服务热线：(010)53913866　印装质量热线：(010)81055316

反盗版热线：(010)81055315

广告经营许可证：京东市监广登字 20170147 号

2024 年，全国两会首次将"低空经济"写入政府工作报告；2024 年 3 月，工业和信息化部等四部门联合印发《通用航空装备创新应用实施方案（2024—2030 年）》，旨在推动低空经济形成万亿级市场规模。低空无人机集群技术的快速发展为人们的生产和生活带来了诸多便利，但同时也引发了新的临地安防挑战。壮大低空经济需要更好地统筹发展与安全，让低空飞行器"看得见、呼得着、管得住"。近年来，无人机"黑飞"扰航、失控伤人、偷拍侵权、非法侦察等问题日益凸显，严重威胁到航空安全、公共安全和国家安全，制约了低空经济高质量发展。因此，瞄准低空安防典型应用场景，为低空经济安全发展保驾护航，开展低空无人机集群反制技术的研究具有重要的现实意义。

本书共 8 章，课后习题参考答案作为附录。

第 1 章介绍了低空安防的相关概念，包括定义、源起、内涵、研究意义和研究进展等，为后续的研究奠定了基础。

第 2 章概述了低空无人机集群反制技术，重点探讨了低空无人机集群的特点、安防挑战、基本内涵，以及反制技术的特点等。

第 3 章阐述了面向低空无人机集群的态势感知与推演技术，包括目标侦测手段、多模态信息融合技术、目标检测与定位跟踪、意图识别和威胁度评估。

第 4 章分析了低空无人机集群反制的多种样式，并深入探讨了博弈驱动的协同反制，以及低空无人机集群反制协同决策技术。

第 5 章论述了面向低空无人机集群的反制效能评估体系，包括效能评估要素、效能评估量化指标、综合评估技术体系等内容。

第 6 章概述了世界主要国家和地区的反无人机系统，并介绍了国内低空无人机集群反制的典型系统。例如侦干一体化车载反无人机系统、车载式无人机侦测管制集成系统和基于便携式导航诱骗的反无人机系统。

第 7 章重点解读了空域管理和低空安防的相关法律法规，包括《中华人民共和国飞行基本规则》《通用航空飞行管制条例》和《无人驾驶航空器飞行管理暂行条例》等，强调了法律法规在低空安防中的指导和规范作用。

第 8 章总结了全书内容，并分析了低空无人机集群反制技术的未来发展，重点讨论了技术创新、系统集成、智能化发展、应用扩展和法规政策等方面的内容。

本书的附录是前面所有章节的课后习题参考答案，为了方便读者学习和参考，本书编者融合新媒体教学方式，特别制作了配套电子版资源，读者可通过扫描封底的"信通社区"二维码，在"资源下载"链接中，搜索本书书名即可在"资源"版块下，获取相关资源。

本书的编写得到许多学者的大力支持与帮助，在此，感谢参与各章节编写的团队成员，他们的辛勤付出和深入研究使本书的内容更加丰富和准确。此外，还要感谢相关领域的专家和学者，他们的研究成果为本书提供了重要的参考和借鉴。

由于我们的水平有限，书中难免存在不足之处，恳请读者批评指正，我们将不断改进和完善。希望本书能够为低空无人机集群反制技术的理论研究和推广应用提供有益的参考。

编者

2024 年 9 月 17 日

目录

第1章　低空安防

当前，世界正经历百年未有之大变局，和平与发展的时代主题面临前所未有的挑战。在这一时代背景下，中国作为周边安全形势最为复杂的国家之一，正处于实现中华民族伟大复兴的关键历史时期。而中国的国家安全，包括领土、领海、领空等在内的多个方面，也正面临严峻的现实考验。

1.1 临地安防概述

随着科学技术的发展，在低空空域、近海水域等多个领域相继涌现新的安全防卫问题。首先，低空空域的安全需求与日俱增。无人机及低空飞行器的广泛应用，给低空安防带来了前所未有的压力。同时，我国低空空域政策的逐步开放，使低空飞行活动及低空经济业态受到更多重视，这也进一步加剧了低空安防的复杂性，相应的安全防卫需求与日俱增。其次，近海、界湖等领水安全问题愈发凸显。在岛屿领土问题和海洋划界争端尚未解决和明确的情况下，个别域外国家频繁对我国的领海及周边岛礁的邻近海空域多次抵近侦察和非法闯入，对我国国家安全构成威胁。

同时，我国在领水，特别是近海水域的监视与防卫体系待进一步加强建设，这在一定程度上提醒我们要重视国家安全建设。另外，虽然当前的安全防卫体系呈现跨域化和立体化趋势，但是仍然存在跨域立体空间安全体系不健全及条块分割等问题。在这样的背景和多种问题因素的驱使下，临地安防（Vicinagearth Security，VS）应运而生。

临地安防是指面向临地空间内防卫、防护、生产、安全、救援等需求的多元化、跨域化、立体化、协同化、智能化技术体系[1]，具体应用场景包括低空安防、水下安防及跨域安防等。与传统临近空间或近地空间不同，临地空间是指从海平面以下1000米（大致对应于阳光穿透水深的极限）到海平面以上10000米（即民航航线所及的一般高度）的水域、地面及空域。其中，海平面以下100米（大致相当于大陆架的平均水深）到地面以上1000米（即低空空域开放的一般高度）的区间，构成了临地空间的核心区域，临地安防空间范围如图1-1所示。这一核心区域基本覆盖了人类的主要生产和生活空间，以及现代战争中的低空、超低空和水下作战空间。

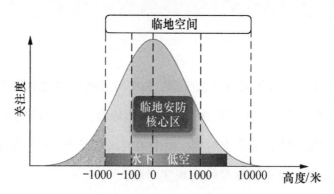

（1. 关注度是指对人类活动重点关心的程度。）

图1-1 临地安防空间范围

从应用场景来看，临地安防技术体系下的低空安防、水下安防、跨域安防的覆盖面十分广泛，面临的任务形态更加多元化、跨域化、立体化、协同化、智能化。如何实现更远目标的识别和更弱信号的探测，如何实现更高效的多模态信息融合与解析，如何实现更大的无人机、无人船、无人艇、无人车等无人系统编队的集成应用等一系列难点问题和挑战不断涌现。

---

1. 李学龙. 涉水光学 [J]. 中国科学: 信息科学, 2024, 54(2): 227–280.

为应对上述临地安防场景下的问题和挑战，保证低空安防、水下安防，以及跨域安防场景中具体任务的开展（例如立体交通、全自主智能飞行器集群、极端灾害监测预警与自主搜寻救援、跨域侦察与联合登陆等任务），可围绕信容（Information Capacity，IC）（需要说明的是，信容也是信息量和数据量的比值，衡量单位数据量的信息提供能力）与正向激励噪声（Positive-incentive Noise，Pi/π-Noise；探究噪声对信号分析的正向激励作用）科学问题，从数据获取、信息交互、集成应用 3 个方面开展研究。临地安防技术体系如图 1–2 所示。其中，在数据获取方面，针对极端环境和复杂目标导致的数据扰动等问题，重点关注相干光探测和稳定探测技术研究；在信息交互方面，针对跨模态数据难解算和多智能体难协同的问题，深入研究跨域场景下的多模态认知计算和群体智能决策等共性理论；在集成应用方面，面向国家在无人机攻防、城市安防、灾害救援、海洋探测等临地安防领域的重大需求，围绕涉水光学、跨域遥感等应用领域开展深入研究，为面向国际竞争新格局、国家安全新需求，以及国民经济新动能提供坚实的理论基础和技术支撑。

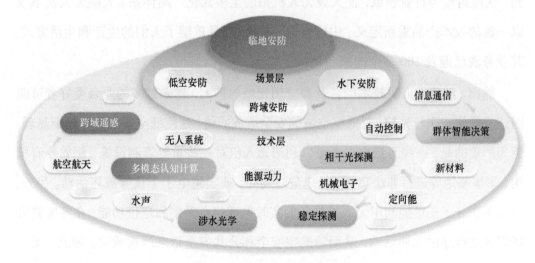

图 1–2　临地安防技术体系

在当前的新形势下，我国虽处于相对和平稳定的状态，但所面临的发展和环境日益复杂和多变，可预见和难以预见的风险因素明显增多。因此，建立面向临地空间内防卫、防护、生产、安全、救援等需求的多元化、跨域化、立体化、协同化、智能化临地安防技术体系势在必行。

1.2 低空安防源起

在科学技术快速发展、国际形势深刻变化，以及国家需求日益增长等多重因素的共同驱使下，低空空域的安全需求使低空安防成为政界、学界和业界共同关心的热点话题，低空安防随之产生。

1. 无人机前沿技术迅猛发展

随着自动化、计算机、通信、传感器，以及人工智能等领域的快速发展与高度集成，以小型化、智能化为特点的无人机及低空飞行器技术迅猛发展，且日益成熟，推动了无人机应用向商用化的方向迈进。例如深圳市大疆创新科技有限公司（DJI-Innovations，DJI）自2006年成立以来，始终致力于推动无人机前沿创新领域的技术革新与产品升级。其相继推出的DJI Mini消费级系列无人机、Mavic专业级系列无人机、DJI精灵4和经纬M30行业级系列无人机等产品，广泛应用于公共安全、地理测绘、电力线路巡查、石油与天然气管线巡检、水利勘测、林草保护、农业施药、快递运输等行业领域，使大疆无人机拓展至多元化产品体系。大疆无人机不仅以一流的技术产品重新定义"中国智造"内涵，而且重塑了人们的生产和生活方式，其业务现已遍及100多个国家与地区。

然而，随着无人机技术的普及和应用领域的扩大，越来越多的业余爱好者可能因违规操作或飞行失控，对低空空域的安全造成威胁，这使低空安全隐患逐渐显现。更为严重的是，一些恶意攻击者可以利用无人机对一些重要管制设施，例如政府机构、军事基地等进行非法窥探、投递危险物品，或实施电子干扰等破坏活动。另外，一些不法分子还可能利用无人机具备的实时地理信息采集和定位功能，在各民航机场附近进行违法犯罪活动，从而给航空安全和公共安全带来严重威胁。因此，无人机的广泛应用必然会导致低空安防面临前所未有的挑战，亟须采取有效的措施加以应对。

2. 无人机集群深刻改变着现代战争样式

世界上几个大国之间的竞争日益加剧，推动全球地缘政治博弈日趋激烈，同时进一步加剧国际形势的动荡，随着科学技术的发展，也让我们看到军事斗争的残酷。

在世界政治格局和军事战略不断重塑的大背景下，小型化无人机迅速崭露头角，成为改变军事态势的灵活战术手段。

正如 2001 年，美军在阿富汗战争中大规模使用"捕食者"等无人机，小型化无人机以其独特的优势，在战场上发挥着越来越重要的作用。

2020 年 9 月，亚美尼亚与阿塞拜疆两国在纳卡地区爆发军事冲突。在这场大规模冲突中，无人机成为人们关注的焦点，两国纷纷利用无人机对敌方地面坦克等军事目标实施攻击，展示了无人机在现代战争中的巨大潜力。

2022 年 2 月，俄乌冲突全面爆发。在这场冲突中，经过改装的消费级无人机携带手榴弹或迫击炮弹，摇身一变成为"轰炸机"，在堑壕战中大量使用。这种低成本、高效率的武器，对俄乌冲突的态势发展产生了深刻影响，成为热议的"关键武备"。

2023 年 10 月，一辆以色列陆军最先进的"梅卡瓦-4M"主战坦克被无人机投下的反坦克弹药击毁。这一事件震惊了世界，成为世界上第一个装备有主动防御系统的先进主战坦克被无人机击毁的案例，再次证明了无人机在现代战争中的强大威力。

毫无预兆的恐怖袭击也令人担忧。一旦恐怖分子利用"低慢小"无人机对目标重点区域进行航拍，就可以较隐蔽地对军事设施、敏感地区等进行侦察，甚至发动火力袭击、机动攻击等恐怖活动。由于普通侦察雷达对这类无人机难以有效探测，地面重型装备的生存能力面临严重挑战，"无人机 +"的恐怖活动已成为世界安全的新威胁，其潜在破坏力不容小觑。

无人机对现代战争的介入程度已经发生了质的飞跃，无人机不仅加速了战争态势的演变，也重塑了现代战争的规模与样式。面对这一趋势，我国必须高度重视无人机的战略价值，加强相关技术研发和防御能力建设，以应对未来战争中的新挑战。

3. 国家安全与低空经济的重大发展需求

2014 年 4 月，习近平总书记在中央国家安全委员会第一次会议上创造性地提出总体国家安全观，强调当前我国国家安全内涵和外延比历史上任何时候都要丰富，时空领域比历史上任何时候都要宽广，内外因素比历史上任何时候都要复杂。在总体国家安全观的指引下，我国始终致力于统筹国家安全与经济发展两大战略全局，积极推进空域管理体制改革、空域精细化改革，以及低空空域管理改革。目前，低空飞行活动和商业经济业态正在蓬勃发展，例如无人配送、航拍摄影、农业植保等。低空空域的活动虽然比较广泛，但也伴随着更为严峻的安全挑战。

2021年2月，中共中央、国务院印发的《国家综合立体交通网规划纲要》中，首次明确提出发展低空经济，这一标志性的举措为我国低空经济带来了突破性的发展机遇。2023年12月，中央经济工作会议在北京召开，将低空经济列为战略性新兴产业，这充分体现了中央对低空经济这一新兴生产力的深刻认识和高度重视，为低空经济的蓬勃发展开辟了更广阔的空间。2024年1月，《无人驾驶航空器飞行管理暂行条例》正式施行，这标志着我国无人机产业正式进入"有法可依"的新阶段，进一步刺激了低空经济的发展。

近年来，我国无人机产业呈现蓬勃发展的态势。据统计，无人机产业的年复合增长率高达13.8%，全国无人机企业已超过1.5万家，无人机拥有者注册用户超过70万个，无人机注册数量已超过100万架，年飞行量约为2000万小时。无论是在繁华的城市商业区、人口密集区，还是在广袤的农村田野、山区，低空飞行器的应用都在不断增加。因此，相应的低空安全防卫需求也随之增加。

面对低空空域的安全挑战，我们必须因势而谋，增强危机意识，未雨绸缪，做好充分的预防和准备；应势而动，积极适应国际竞争新格局、国家安全新需求和现代战争新形态，不断提升低空安全防卫能力；顺势而为，构建跨域统筹、均衡稳定的新时代国家防卫战略体系，为实现科技强国和中华民族伟大复兴贡献力量，确保低空经济健康发展，为国家安全和经济繁荣提供有力支撑。

1.3 低空安防内涵

理解低空安防内涵，首先要认识到这是个紧密关联于空间区域的概念，需要厘清物理空间的划分及其相关基本概念。同时，还应意识到，低空安防不仅局限于物理空间的界定，而且是一个涵盖主动安全与防御安全范畴的综合性议题。明确安防的基本要求，确立安防的核心准则，全面而深入地把握低空安防的实质，为后续的安防策略制定与实施奠定坚实的基础。

1.3.1　基本概念

1. 低空空域

低空空域通常是指地面以上 1000 米（含）之内的飞行区域，但根据地区特点和需求，这个界限可扩展至 3000 米。2009 年全国低空空域管理改革研讨会提出，将 3000 米以下规划为低空空域，并将其进一步细分为管制空域（2000~3000 米）、监视空域（1000~2000 米）和报告空域（1000 米以下）三类。

（1）管制空域

管制空域通常划设在飞行活动比较繁忙、对飞行安全要求极高的地区，例如机场起降地带、空中禁区、空中危险区、空中限制区、地面重要目标，以及国（边）境地带等区域的上空。在此空域内的一切空域使用活动，必须经过飞行管制部门批准，并全程接受其飞行管制。

（2）监视空域

监视空域通常划设在管制空域周围。在此空域内的一切活动，空域用户向飞行管制部门报备飞行计划后，即可自行组织实施飞行活动，并对飞行安全负责。飞行管制部门则严密监视空域使用活动，并提供飞行情报服务和告警服务。

（3）报告空域

报告空域通常划设在远离空中禁区、空中危险区、空中限制区、国（边）境地带、地面重要目标，以及飞行密集地区、机场管制地带等区域的上空。在此空域内的一切活动，空域用户向飞行管制部门报备飞行计划后，即可自行组织实施飞行活动，并对飞行安全负责。飞行管制部门根据用户的实际需要，提供必要的航行信息服务。

2. 安防

安防可以理解为"安全防范"或"安全防卫"的缩略词。所谓安全，就是指没有危险、不受侵害、不出事故；而防范，则是指通过有效的防备和保护措施，应对潜在的攻击或伤害。在日常生活中，安防监控是一种利用摄像头、存储设备、传输系统等多种安防设备构成的综合环境监控系统，通过实景记录、观察现场情况，起到预防犯罪、维护秩序、提供证据、保护人员和财产安全等作用，常用于家庭环境、商业场所、社区和一些其他公共场所。

3. 低空安防

低空安防是临地安防领域的重要组成部分，主要融合利用雷达、光电相机、无线电频谱监测等探测技术和电磁干扰、激光致盲、捕捉网等反制手段，防范来自低空空域的威胁，包括但不限于未经空域授权"黑飞"无人机、体育赛场重大活动场所、军事管理区等重点禁飞区域侵入的小型飞机、机场跑道附近低空飞行的鸟类、低空投放的危险物品等。

4. 无人机集群

无人机集群是指由一定数量的同类或异构无人系统，或无人装备、控制系统和人机界面组成，利用信息交互、反馈、激励和响应，实现多无人机之间的协同行为，能够与其他个体，以及周围环境交互作用的若干个体集合，适应动态环境，共同完成特定任务的自组织、高稳定的智能联合分布式系统。本书后续章节将围绕无人机集群进行详细介绍。

5. 无人机集群反制

无人机集群反制是指为保护重要人物、重要区域，以及重要空域，对非法入侵的无人机集群进行控制或打击的技术。根据反制目的和效果的差异，可以将反制技术归纳为干扰阻断类、临检拿捕类、监测控制类、打击毁伤类。本书后续章节将围绕无人机集群反制进行详细介绍。

6. 态势感知

态势感知是指对特定环境或情境中的各种信息进行实时、全面、准确的收集、分析和理解，以便获取对当前状况的深入洞察和综合认识的能力。这些信息包括实时数据、历史数据、传感器数据、社交媒体信息等。通过态势感知，可以辅助决策者了解当前情况、预测发展趋势、识别关键问题、做出明智决策。

7. 效能评估

效能评估是指对某个系统、项目、组织或流程的执行情况进行系统性、客观性的分析和评估，以确定其实现目标和预期结果。这个过程通常涉及数据收集、分析和解释，用于评估资源使用、项目进展、目标达成等情况，旨在改进决策和提高效能。

1.3.2　低空安防的特点

面对低空安防的迫切需求，首先，应规范低空飞行器的使用，制定严格的飞行规定和安全标准。然后，应加强技术研发，掌握先进的低空安防技术，包括但不限于智能化的飞行器监控系统、高效的空中交通管理系统、先进的飞行器识别与干预技术等。最后，培养专业人才，加强法律法规的制定和完善，构建一个完备的低空安防体系，以确保低空空域的安全、稳定和有序发展。总的来说，低空安防包括侦测多元化与反制智能化、应用领域广泛和多重法律规范与道德约束 3 个方面特点，具体描述如下。

1. 侦测多元化与反制智能化

面向低空无人机集群的态势感知与推演是低空安防的重要前提，而目标侦测则是态势感知的必要基础，涉及利用各种传感器和技术手段，准确、高效地探测低空区域内的目标物体。传统的目标侦测手段主要包括视觉、声呐、雷达等技术。这些技术在侦测范围、分辨率、环境适应性等方面有一定局限性，但在很多场景下仍被广泛应用。而随着技术的发展，新兴的目标侦测手段更加注重高精度、自动化和智能化。多模态信息融合则是将不同传感器获得的多种类型信息进行集成、分析和处理，提取全方面、多层次的目标特征，辅助精细描述和准确识别目标。在此基础上进行的目标监测与定位跟踪负责识别目标，并在一段时间内持续监测目标的位置。接下来，对目标意图的识别及对整个区域内态势的推演，预测可能的发展趋势，最终为决策提供更多信息。

面向低空无人机集群的综合反制是低空安防的重要目的。在反制过程中，需要考虑反制目标和反制手段的多样性，采取多元化的样式进行跨域协同反制。无人机集群作为反制目标往往具有数量多、类型多等特点，如何选择或组合适当的反制手段是值得探究的问题。通过多元化手段的协同作战，能够弥补各种单一技术的不足，提高整体反制效能。策略博弈理论对敌我双方的策略分析和对抗，能够更准确地预测对手的行为，优化反制策略，并提高反制效果。策略博弈的理论框架有助于深入了解敌方意图，为反制措施提供深层次、针对性的指导。在具体实施上，需要结合物理域、信息域等相关领域知识，实现协同反制。

面向低空无人机集群的反制效能评估也是低空安防的关键环节。其目的是确保反制系统的准确性、敏捷性和可靠性，以应对多样化、复杂化的低空无人机集群威胁，从而确保低空安全。在效能评估中，首先需要考虑各种效能评估要素，包括侦测准确性、反制手段毁伤效果、反制速度与响应时间、系统可靠性和稳定性、成本效益等。这些要素形成评估的基础框架，确保反制系统的各个方面都能被考虑到。为了量化反制效能，需要定义一系列具体的评估指标。这些指标包括侦测精度、打击命中率、反应时间、系统可用性和成本效益比等。这些量化指标可以客观、精准地衡量反制系统在各个方面的性能，为系统的优化提供数据支持。在整个反制效能综合评估技术体系中，采用多指标权衡的方法，综合考虑各项指标的权重和相互联系，建立全面的评估模型。同时，利用模拟仿真技术，可以在不同情景下模拟系统的运行，评估其性能表现。实地测试则能够在真实环境中验证系统的可靠性，确保其在实际对抗中的有效性。

2. 应用领域广泛

目前，低空安防技术在多个领域具有重要的应用价值。在公共安全领域，低空无人机集群可被用于非法监听、窥探或攻击。警察和安全机构使用各种设备，例如无线信号干扰设备、光学和红外传感器，以及无人机拦截器来对抗这些威胁，确保公众安全和维护法律秩序。在民用领域，低空无人机集群可能对航空安全、大型活动、政府机构和商业设施构成潜在威胁。反制技术，例如无线频谱干扰器、视觉识别系统和自动导航火力单元，可用于保护公众活动、机场、政府大楼和商业区域的安全。

3. 多重法律规范与道德约束

在低空安防领域，法律和道德问题涉及个人隐私问题、数据安全问题、人身安全问题，以及责任和赔偿问题等多个方面。

（1）个人隐私问题

随着低空监测技术的发展，个人隐私面临着潜在威胁。例如无人机或其他监测设备可能会侵犯个人的隐私权，没有经过许可就监控个人活动。在这种情况下，法律应当规范无人机飞行管理措施，保护公民个人隐私权。

（2）数据安全问题

低空安防系统采集大量的数据，包括图像、视频和其他传感器数据。这些数据需要得到妥善处理和保护，防止被未经授权的人获取，以避免潜在的数据被滥用的风险。

（3）人身安全问题

在低空安防应用中，可能会涉及拦截飞行器、无人机等情况。在执行这些任务时，应当确保人身安全，避免对无辜人群造成伤害，规范低空飞行的合法性、目标的准确性等伦理和法律问题。

（4）责任和赔偿问题

如果在低空安防操作中发生意外事件，例如飞行器坠毁、数据泄露等，涉及责任和赔偿问题，应当确立相关法律框架，对事故责任进行认定，并明确赔偿标准等。

1.4 低空安防研究的意义

目前，无人机集群及低空飞行器的广泛使用，给低空空域带来了巨大的安全挑战。随着这些飞行器的数量与种类的不断增加，低空安全防护的需求日益凸显，这使低空安防研究的重要性愈发突出。另外，由于低空安防对于维护国家安全、保障公共安全，以及促进低空飞行技术健康发展可以起到关键作用，所以对低空安防的深入研究具有深远的理论意义与重要的实践价值。

1.4.1 低空经济

低空经济是以低空空域为依托，以各种有人驾驶和无人驾驶航空器的低空飞行活动为牵引，辐射带动相关领域融合发展，广泛体现于各类产业的综合性经济形态。

2021 年 2 月，中国首次将"低空经济"概念写入国家规划，促使低空经济产业迅速形成集聚效应和创新生态，推动低空经济发展迈入新阶段。2021 年 12 月，国务院印发的《"十四五"现代综合交通运输体系发展规划》指出，要深化低空经济领域改革，实施空域资源分类精细化管理，深化低空空域管理改革，构建现代综合交通运输体系，进一步保障低空经济发展。2023 年 5 月，《无人驾驶航空器飞行管理暂行条例》从航空器设计生产标准、操控人员要求、飞行空域划设、飞行活动管理，以及法律责任等多个维度进行了全面规范，为管理部门和社会公众有法可依提供了关键支撑和保障，同时为支撑无人机应用需求、推动无人机产业高质量发展、把握低空经济发展新机遇提供了有力指导和良好环境。

随着我国低空空域政策的逐步放开，低空飞行活动及低空经济业态愈加丰富多样，与此同时，相关的安全防卫需求呈现明显的增长趋势。

在生产生活方面，低空领域涵盖了人类活动的主要空间，其安防的重要性与人类的生产生活息息相关。随着低空安防技术的发展与完善，人们的出行方式、消费理念乃至整个安防行业的产业结构都将面临巨大变化。例如大疆开发的无人机集群集大型负载能力、长距离航程、卓越信号强度和高度智能于一身，适用于复杂运输场景，以及各种紧急情况下的货物运输。它支持更高效、更经济、更安全的空中运输，可以成功应对复杂地形和终端运输的挑战。未来，低空飞行有望成为人类的主要出行方式之一，交通运输将会更加便捷高效，生产力也将进一步提升，人们的生产和生活方式将步入新的发展阶段。

然而，无人机集群技术在为人类创造巨大的便利和效益的同时，也带来了一系列安全和管理上的挑战。因此，为了确保无人机集群技术在低空空域的安全和有效运用，必须加强顶层设计，完善相关法规标准，提升技术监管能力，构建安全可控的低空飞行环境。这不仅是低空安防研究的重要任务，也是低空经济持续健康发展的必然要求。

1.4.2　公共安全

随着无人机集群技术在我国的快速普及，由于缺乏有效的管控措施，所以引发了一系列与国家安全和社会稳定有关的问题。在空中立体交通管控方面，立体交通工具（例如空中汽车、无人飞行器等）在虚拟航线上的实时监测与管控显得尤为关键。这不仅有助于实现空域资源的精细化管理，优化交通引导与控制，还能加强运行安全与监控管理，进一步完善交通管理体系。然而，由于现有的法律法规和有效的管理措施不够完善，无人机的使用存在严重的安全隐患和管理漏洞，已经对国家安全、社会稳定和公共秩序构成了严重的现实威胁。因此，加强低空安防研究，提升无人机管控水平，成为当务之急。

在大型活动期间，确保活动的顺利进行，对"低慢小"航空器及空飘物实施临时管控是一种常见做法。在 2023 年 8 月，《杭州市人民政府关于第 19 届亚运会和第 4 届亚（残）运会筹备举办期间 对"低慢小"航空器及空飘物实施临时管控的通告》中明确指出，为维护亚（残）运会期间杭州地区的空域安全，杜绝各类违法违规飞行活动，市政府决定在亚（残）运会筹备举办期间，对"低慢小"航空器及空飘物实施临时管控，即禁止任何单位、组织和个人在规定的管控时段和区域内利用上述"低慢小"航空器和空飘物进行各类飞行、施放活动。这一举措确保了大型活动的顺利进行，也维护了社会公共安全。

同样，除了要在大型活动期间加强对无人机的管控，也要在民航运营的正常时间持续严格管控各种飞行活动。近年来，民航业发展迅猛，机场数量和航班频次不断增加，旅客数量也逐年上升，反映了我国经济的快速发展和人民生活水平的显著提高。然而，随着民用无人机集群技术的普及和航空器种类的多样化，低空空域变得愈发繁忙，民航低空净空的重要性日益凸显，必须更加重视民航低空安全。其中，机场净空保护是最为关键的安全保障环节。净空安全直接关系到航空器的起降安全，一旦因净空问题发生航空事故，将给人民的生命和财产带来巨大损失，造成无法估量的经济损失和社会影响。根据《民用机场飞行区技术标准》的定义，机场净空保护是为了确保飞机起降的安全而规定的障碍物限制面以上的空间范围，用以限制机场及其周围地区障碍物的高度，保证飞行航道的畅通无阻。中国民用航空局颁布的《运输机场净空保护管理办法》对运输机场净空保护区域做了明确而详尽的界定，其覆盖范围广泛且精确，体现了对低空安全管理的严谨态度。

净空保护既是机场运营的生命线，又是每名旅客生命和财产安全的坚实保障。净空保护区域内的任何飞行物体侵入，都可能导致飞行员偏离飞行航道或飞机发生机械故障，从而引发严重的安全隐患。驾驶员稍有失误，也可能导致飞机与航道之外的超高障碍物或未知的飞行物相撞，对公众的生命安全构成严重威胁。在日常生活中，一些看似不经意的行为也可能会对机场净空安全造成潜在威胁。

因此，安全始终是最高的经济性原则，严格遵守行业标准，提高无人机管控水平和民航低空净空能力，确保国家低空空域安全是第一要务。

1.4.3　应急管理

面向国家应急管理的重大需求，低空安防技术能够在极端灾害监测预警、自主智能搜寻救援等任务中发挥关键作用。在自然环境方面，随着全球气候变暖，火灾、暴雨、飓风等极端自然灾害频发，对人类生活及经济发展造成了严重威胁，低空安防技术有望为人类提供全天候、实时的极端灾害预警，以及生存环境监测，使人类能够更加主动地应对上述挑战。

随着低空安防体系的不断完善，引入救援无人机集群已经成为一项关键举措。这些无人机集群配备了高精度的遥感技术，安装了通信、定位、传感器等设备，能够快速响应紧急情况，提供实时地理信息。无人机集群遥感系统通过地面控制和机载控制两大部分，利用定位技术、通信技术和传感器技术等辅助无人机集群执行飞行任务，然后将采集到的相关数据传回地面，以供遥感数据处理、建模和分析。这使无人机集群的飞行操作变得自动化和智能化，大大提高了救援效率。相较于卫星遥感和载人航空遥感在救援信息获取方面的局限性，无人机集群遥感系统凭借其卓越的时空分辨率，能够更好地满足多样化救援场景的需求。

另外，无人机集群遥感系统还具备高度的灵活性，可以根据现场需要灵活搭载多种设备，例如高清摄像机、热成像仪、红外夜视仪和应急通信设备，以满足不同的应急救援需求。在全球范围内，无人机集群已被广泛应用于应急救援领域，许多国家将无人机集群纳入救援体系。例如以色列早在1996年就将无人机集群用于火情监测，美国在2006年将无人机集群应用于飓风等自然灾害的搜索和救援中，而日本则在2011年的核泄漏事件中，使用无人机集群检查核辐射范围。在我国，首次应急救援中使用无人机集群是在2008年汶川大地震期间。当时，由于通信线路被破坏、气象环境恶劣，所以传统航测飞机无法执行航拍任务，无人机集群遥感技术成为救援工作的关键。之后，无人机集群在多次灾害救援行动中发挥了重要作用，逐渐成为我国应急救援体系中不可或缺的一部分。一些无人机集群公司积极推动无人机集群在应急救援领域的应用，成立了应急救援联盟，并成功参与了多起救援行动。

无人机集群在救援工作中的应用不仅限于灾害救援，也包括医疗救援、林业巡查、灾后重建、应急测绘。借助空中拍摄的现场照片，通过地面端软件的辅助，无人机集群能够生成现场的二维或三维环境模型，精准还原现场情况和地形特征。这不仅有助于救援人员掌握作业环境，还能测量关键距离和区域面积，标记现场物品和痕迹，为搜救工作提供有力支持。应急测绘在科学救援中扮演着至关重要的角色，为各级政府部门提供了高度准确、及时可靠的地理信息数据，为监测预警、风险评估和恢复重建等工作提供了重要依据。无人机集群的引入明显提升了信息采集和传输的准确性和时效性，为救援人员提供了更多科学决策和实地作业的支持，有助于最大限度地减少灾区人员生命和财产的损失，促进灾后重建工作的顺利进行。

1.5 低空安防研究进展

1.5.1 低空安防民用现状

近年来，随着无人机技术及通信技术的迅速发展，大量无人机在低空区域活动，因此产生了一系列问题。我国无人机管理机制尚不健全，对民生安全存在巨大威胁，迫切需要建立有效的监管措施进行管控。当前，低空无人机的主要威胁目标为重大基础设施和人员密集场所，这些地方的相关事故时有发生。

2013 年 12 月 29 日，一架经航模改装的无人机在北京首都国际机场以东空域飞行，进行测绘作业，此次飞行活动没有履行报批程序申请空域，导致首都机场十余班次航班起飞延误，两班次航班采取空中避让措施。

目前，大量公司针对威胁民生安全的低空无人机研制了相关的反制设备。

北京神州明达高科技有限公司生产的 UADS-ZG33 察打一体系统（全频）由无人机侦测（频谱监测）系统和无线电干扰系统组成，可以对无人机进行侦测识别与干扰反制，可使无人机原地悬停、迫降或返航，有效防范无人机进入防区，保障低空空域安全。该系统具有侦测反制性能好、工作距离远、不需要人员值守、自动进行无人机侦测反制等特点，适用于电厂电站、石油石化、航空机场、公安司法、监管场所、活动现场等领域要地的低空防护。

东方哨兵科技有限公司针对航空机场的特点和航空管制区域无人机防控和鸟类监控总体工作要求，构建了反无人机立体安防系统，通过建立低空空域管控一体化平台，实现重点区域的低空小型飞行器的探测、跟踪、拒止、显控，以及防控系统内部的互联互通，满足多点布控、多站联网模式下的低空小型飞行器的感知、识别、处置、通报需求[1]，成功搭建了一个机场行业无人机管控平台。

西安知语云智能科技有限公司生产的知语云低空侦察防御打击一体机是一款集侦察、防御、打击于一体的先进设备。它采用先进的雷达和光学侦察技术，能够迅速发现并跟踪低空飞行的无人机。同时，该设备还配备了多种反制手段，包括无线电干扰、激光打击等，能够有效迫使无人机返航或迫降，保护重要设施。

中科融通物联科技无锡有限公司重点布局人工智能物联网（Artificial Intelligence Internet of Things，AIoT）研发，自主构建"AIoT云＋边缘计算"的体系架构，突破电磁、光电、视觉与位置信息等异构感知信息的多级融合技术，推出了Smart-UBI立体防入侵体系，实现对地面及低空领域所有安全要素的智能探测、行为分析、态势研判、智慧决策与精准处置，助力防入侵安防体系从被动到主动、从局部到立体的飞跃。以"睿鹰"无人机防御反制系统、"睿界"周界入侵报警系统、"睿行"智能巡检机器人、物联网安防综合管控平台等核心安防产品构成的中科融通智慧立体安防体系，已成功应用于司法、武警、边防、公安、石化、机场等高安全要求行业。

总体而言，针对低空无人机反制，当前有众多公司开展了产品研究和服务，有效地补充了当前无人机管制的反制手段。无人机的快速发展和广泛应用已经对维护低空飞行秩序、保障城市建设和推动国民经济正常发展带来了巨大的挑战。世界各国都在加紧发展无人机防空装备和技术，并在预警探测和处置拦截领域取得了丰硕的成果。

---

1. 方逸远. 基于幅度特征的飞鸟与无人机雷达目标分类方法 [J]. 信息化科学, 2022, 48(2): 12–17.

1.5.2　低空安防技术进展

低空安防是一个非常复杂的系统工程，也是世界各国共同面临的难题。目前，各国对低空安防的研究各式各样，空域防卫手段多种多样，但尚未找到一套行之有效的解决方案。

低空飞行的消费级和小型无人机属于典型的"低慢小"目标，安防存在 4 个"难"：一是发现难，因为这些无人机存在突发性、隐蔽性和不确定性的特点，特别是它们超低空飞行带来的地面杂波预警情况突出，电磁信号比较弱，不容易被跟踪；二是识别难，它们的红外信号相对微弱，特征不明显，容易受到其他低空飞行物的干扰，真假难以辨识；三是跟踪难，因为防护区域附近可能存在楼房、高大树木或山体的遮挡，导致监测系统的跟踪不连续；四是打击难，要对付低空、超低空的小型飞行目标，对武器的使用存在限制，传统防空火力还存在威力过剩、容易造成附带伤害的问题。

据不完全统计，目前国内研制生产无人机反制设备的单位有 200 多家。其中，80% 以上的设备属于无线电干扰类型。相关条例已明确规定，使用无线电技术性阻断反制设备，须经无线电管理机构批准。事实上，用无线电干扰对付违规违法飞行的手段，包括干扰无人机上全球定位系统（Global Positioning System，GPS）或北斗卫星导航系统（BeiDou Satellite Navigation System，BDSNS），以及干扰上行遥控数据通信链路和下行遥测图像通信链路等。干扰手段主要包括压制性干扰和欺骗性干扰、全向干扰和定向干扰。就性质来讲，还存在无意干扰和恶意干扰两种类型。全球导航卫星系统（Global Navigation Satellite System，GNSS）的导航卫星距离地面约 3 万千米，传到地面的信号非常弱，极易受到各种无线电波的干扰。如果遇到恶意的大功率压制性信号干扰，那么地面接收机可能会失灵。民航空管等部门的很多设备都严重依赖 GPS 或北斗的导航定位，如果在机场附近使用无线电干扰手段，同样会对民航的安全构成严重威胁。除了民航，还有很多依靠卫星导航系统工作的部门和单位。因此，利用无线电干扰技术对付无人机，是有条件的、有限制的、有严格要求的反制技术。

低空安防研究之所以如此重要，是因为它直接关系到社会的安全。低空领域是一个复杂的领域，涉及众多飞行器，包括商用和军事无人机、直升机、自动驾驶飞行器等。随着这些飞行器的大规模普及，有效低空安防措施的缺乏可能导致一系列问题，例如空中交通混乱、隐私侵犯、恶意用途和潜在冲突等。因此，低空安防研究是确保公众安全的必要前提。

1. 低空安防策略研究

低空无人机集群的崛起引起了广泛的社会关注，其对空域安全和管理提出了新的挑战。随着无人机技术的持续发展，社会各界对于其合法使用和潜在风险的担忧也在不断加剧。针对这一现状，研究人员正积极寻找创新性的安防策略，以维护空域的安全与稳定。

杨光[1]等人从多个维度对无人机集群的安全性问题进行了全面研究。首先，他们通过建立基于机器人操作系统（Robot Operating System，ROS）的无人机集群安全仿真平台，进行位置感知系统的仿真实验，揭示了无人机集群的运作机制。其次，他们提出了一种创新的应对措施，即基于卫星信号干扰的方法，可以用于快速应对敌对无人机集群攻击，其特点包括操作简便、快速生效，以及成本较低。最后，他们通过改进无线自组网按需平面距离向量路由协议（Ad hoc On-demand Distance Vector routing，AODV），研究了无人机自组网的安全路由技术，以解决网络安全挑战。这项研究针对无人机集群的安全性问题提出了多层次的解决方案，涵盖了从仿真实验到实际技术改进的多个方面，以确保无人机集群能够在各个领域持续发挥其关键作用，同时降低潜在的风险。

闫家鼎[2]教授团队深入研究了在面对无人机集群威胁时，采取早期预警和快速反应的策略。无人机集群的特点是规模较小且分散，这对现有的预警系统提出了巨大挑战，因此，需要强化多传感器信息融合处理能力，以提高预警探测系统的性能，包括覆盖范围、反应速度、精确度、预警率和可信度。在早期探测方面，他们提出了将低空探测雷达与防空预警体系的空情信息融合的方法，以实现对无人机集群的

---

1. 杨光. 无人机集群位置感知系统安全研究 [D]. 华东师范大学, 2021.

2. 闫家鼎. "低慢小" 无人机蜂群反制作战任务链建模与部署优化 [D]. 国防科技大学, 2021.

早期探测和初步定位，探测距离可达 10 千米以上。同时，结合光电探测和无线电侦测等多种技术，提高目标定位精度。在精准识别方面，通过分析无人机集群的飞行轨迹、活动规律、使用频率、飞行速度、外形和红外轮廓等特征，结合多种传感器信息，例如雷达、红外、可见光等进行融合，能够准确区分无人机集群与其他飞行物体，并迅速确定无人机集群的规模、编队情况，以及威胁级别。在持续跟踪方面，该团队强调了大规模无人机集群的跟踪存在能力饱和的问题，因此，可以采用人工智能算法，例如深度学习来预测无人机集群的行为轨迹和作战意图，以提高对群体运动的预判能力，方便更快地做出反应。快速反应在应对无人机集群威胁中占据重要地位，即使在早期探测到无人机集群时，通常它们距离目标非常近（不足 20 千米），有时甚至来不及进行预警和临战准备就必须迅速投入作战。因此，提前做好充分准备至关重要，包括建立高效的反无人机集群指挥体系、制订应对不同规模无人机集群的反制计划和方案，以及提升反无人机集群作战力量的执行能力。最后，采用多种应对策略，包括积极防护、隐真示假、主动出击、链路劫持、软硬兼施等方法。另外，联合防空被视为应对无人机集群威胁的有效策略，要求各种处置力量之间密切协同，以联合作战和体系破敌为出发点，形成协同合作的整体效能。

王传云[1]教授团队专注于多目标跟踪（Multiple Object Tracking，MOT）场景中的无人机目标，与传统的基于行人的 MOT 研究不同，无人机目标通常面临尺寸较小、飞行速度快、目标重叠遮挡和背景复杂等挑战。目前，基于卷积神经网络（Convolutional Neural Network，CNN）的目标检测模型通常依赖锚点框，然而，这些模型容易出现小目标漏检和将过近或重叠的目标误识别为同一标识（Identity，ID）的问题。为了提高模型的准确性，他们采用了"点即是目标"的方法。具体来说，采用了基于 Anchor-Free（无锚点）的目标检测模型来解决对齐问题和误识别问题，同时减少 Re-ID（重新识别）学习特征的维度，并通过多层特征聚合来优化网络的识别速度。在这一背景下，选择了 FairMOT（公平多目标跟踪）模型的多分支 Anchor-Free 预测结构进行深入研究。鉴于无人机目标的尺寸较小、背景与目标容易混淆，王传云等人引入了坐标注意力（Coordinate Attention，CA）来将位置信息嵌入通道注意力

1. 王传云, 司可意. 低空空域小型无人机目标检测算法 [J]. 沈阳航空航天大学学报, 2023, 40(2): 54-62.

中，同时考虑通道间关系和位置信息，从而更好地定位和识别目标。最后，针对无人机飞行速度快和频繁进出画面导致轨迹不连续的情况，采用 BYTE（字节）数据关联方法来处理。该方法利用检测框和跟踪轨迹之间的相似性，同时去除背景噪声，以减少漏检并提高轨迹的连贯性。

2. 无人机集群态势感知和推演

随着人工智能技术的迅速发展和实战化训练的深入推进，无人机作战的理念逐渐深入人心，已经成为世界各国研究的重点，并将成为未来战场的重要作战模式。由于未来战场的实际环境异常复杂，可能充满强烈的对抗性、不确定性和电磁干扰等因素，所以无人机的作战方式也从单一个体作战逐渐向集群协同作战演变。

作为无人机集群协同作战的关键要素，集群协同态势感知受到了相关领域的广泛关注，其依赖于各个无人机个体的态势感知，通过多层次的态势信息交互，以减轻对抗环境引起的信息不确定性带来的不利影响，达到对作战任务相关态势的一致认知，实现协同决策。集群协同态势感知要求所有无人机获取的信息尽可能与真实信息一致，同时，对任务相关态势的解析应保持高度的一致性。然而，作战环境的强烈不确定性容易导致无人机个体在态势感知方面存在显著差异。因此，无人机集群需要通过个体在不同层次上的信息交互，以减少或消除不确定性带来的影响，从而做出符合战场需求的决策，最终提高作战效能。

唐帅文[1]教授团队提出基于无人机集群协同态势感知一致性评估指标体系，针对无人机态势感知信息中存在的多源不确定性，提出了扰动作用下基于证据推理规则的无人机集群协同态势感知一致性评估方法。该方法不仅有效评估了无人机集群协同态势感知的一致性，而且可以定量分析不同扰动条件下无人机集群的环境适应性。

3. 综合反制技术

近年来，无人机集群已经在多个方面引发了严重事件，包括扰乱机场、攻击军事基地，以及袭击大型油田等。特别是亚美尼亚在一次行动中因缺乏有效反制无人

1. 唐帅文, 周志杰, 姜江, 等. 考虑扰动的无人机集群协同态势感知一致性评估 [J]. 航空学报, 2020, 41(S2): 13–23.

机集群的手段而遭受了巨大损失。无人机集群在战场应用上展现了巨大的潜力，这促使各个军事大国纷纷增加研发投入，以谋求未来战争中的主动权。

从战争的角度来看，无人机集群技术的迅速发展对传统的联合防空系统提出了新的挑战，甚至可能引发防空装备体系的颠覆性变革。现有的无人机集群反制手段主要继承自单架无人机的反制手段，然而，无人机集群具备典型的"群"特征，与单架无人机在反制原则、反制战术、反制手段等方面存在巨大差异。

因此，本书结合无人机集群的技术和战术特点，有针对性地分析了反制无人机集群技术的可行性，进而预测反制无人机集群技术的发展方向，加速反制无人机集群的作战能力建设。具体来说，反制无人机集群技术可大致分为以下 6 类。

（1）探测识别类

声学、激光、金属探测等现有探测技术，由于有效探测距离太短，所以不适用于无人机集群探测。

雷达探测是一种高效的主动探测方法，用于探测、定位和跟踪空中的小型目标。它具有探测距离远、距离测量精度高、全天候工作的显著特点。作为一种主动探测方式，雷达能够有效地探测静默飞行的无人机，受天气因素影响较小、适应性较强，并且具备多目标探测能力，因此，这种方式被认为是探测无人机集群的首选方法。然而，为了减少地面杂波对雷达探测能力的影响，需要研究新型探测和跟踪算法，确保在减少地面杂波影响的同时不降低目标回波信息的质量，还需要考虑雷达探测对周围电磁环境的影响，例如机场和广播信息中心等。另外，雷达主动探测会暴露目标，因此，在军事使用范围上需要慎重考虑。

无线电探测利用交叉定位原理，能够确定无人机集群或遥控设备的大致位置。它具备遥控信号识别能力，可以识别目标的无线电特征，并引导反制设备进行干扰。同时，它还具有强大的目标分辨能力，能够有效区分合作和非合作目标。与雷达不同的是，无线电探测不会发射无线电信号，从而避免造成电磁污染。然而，在复杂的城市电磁环境下，无线电探测的虚警率（False Positive Rate，FPR，又称为误报率）仍较高，亟须改进相关算法。此外，其定位精度较差，通常需要借助多点组网融合探测技术，并且只能探测已知机型，存在一定漏检率，因此，需要建立侦测无人机集群特征数据库。

光电探测具有强大的目标分辨能力，能够利用可见光和红外成像来精准识别无人机。与雷达和无线电探测不同，光电探测不发射无线电信号，虽然不会引起电磁污染，但光电设备容易受到地物遮蔽和复杂气象环境的影响，所以需要考虑设备周围的遮蔽问题，以确保探测效果。此外，能够探测远距离（大于 5 千米）的光电探测设备价格较高，因此，在实际应用中需要权衡成本与效益。

（2）传统防空手段

传统火力武器具备高射击速度，可通过构建密集火力网快速拦截无人机集群；防空反导武器等精确制导武器具备较高的射击精度，可精准打击无人机集群。传统防空手段可作为"兜底"的防护措施，但其附带损伤极大，主要在野战环境下使用，尚不具备在城市环境下的使用条件，非紧急情形下，不考虑使用。

（3）新型弹药技术

①网弹技术：采用发射网弹或大型无人机挂载网枪捕获无人机集群，具有性价比高、可重复使用的特点。10 架小规模无人机集群能对抗只有 5 张网的网炮，因此，反制作战需配备足够的网弹和网炮。

②微型火力单元：采用可见光成像制导方式，动态追踪近距小型无人机，具有成本低、体积小、可靠性高的突出特点。

（4）电子器件毁伤

①高功率微波武器：利用高功率微波波束击穿或烧毁无人机电子器件，具有受环境影响小、攻击速度快、杀伤范围广、无附带损伤、难以防护和效费比高等特点。同时，与传统高能激光武器相比，高功率微波武器作用距离更远、波束更宽、受气候影响更小，攻击时只须确定概略方向即可实施攻击，是未来对抗无人机集群的重点研究方向。

②高压水枪：具有无附带损失、廉价高效、无污染、操作简便的优势。利用高压水枪或水炮进行高压攻击，不仅能够破坏和驱散无人机集群，也增加了器件损

坏或器件短路的概率。由于海水资源极其丰富，高压水枪或水炮适用于海上反无人机集群作战。

（5）辐射毁伤

低能激光武器能量虽不足以毁伤无人机，但利用激光束照射无人机光电传感器，可使其受到干扰，进而失效、过曝，影响其探测功能，实现激光致盲。战术激光器属于能量集中杀伤且作用距离有限，攻击时须精确对准目标，并且受气象环境影响较大。

（6）指控链路干扰与欺骗

① 压制式干扰：指控链路干扰的主要方式，技术相对成熟，成本较低，系统操作简单，干扰效果显著。自组网的集群架构具备一定的网络自愈性。需要说明的是，网络中节点通信受阻时，可与其他无人机进行中继通信。干扰装备需要满足宽频率、大功率、全方向的干扰条件，干扰难度较大，对周围用频设备影响较大，存在附带损伤，须谨慎使用。常规通信频点固定，易于干扰，但无人机集群逐步向扩频跳频的通信方式发展，干扰难度迅速增大，未来扩频跳频的通信干扰方式（即跟踪式、阻塞式、相关式等）将成为主流发展方向。

② 电子围栏：这是为了防止无人机集群进入某一特定区域所采取的办法，技术难度不高，成本较低，并具备无人值守、灵活性高等优点，可作为重要末端防护手段。其优势是可以在已掌握防护目标周围用频情况的基础上，设置好保护频率，减少因干扰带来的附带损伤。该技术可作为末端防护的重要手段，可实施性较强。

③ 控制信号干扰：这类方法可分为两种。一种是通信链路劫持，通过长期的侦听，分析破译出非合作目标无人机通信数据链的工作频段频率、协议和加密等关键参数，通过向无人机发送虚假控制指令，实行欺骗控制。这种技术的次生危害较少，但需要准确掌握无人机测控链路协议和数据信息，依赖前期情报的积累，直接破译通信协议、无线链路波形和加密等困难较大。另一种是转发跟踪式干扰，即一旦侦测敌方指控链路信号，迅速进行同频或时延转发，类似于"鹦鹉学舌"，也可以通过随机改变信号编码，例如改变其中一位二进制编码，打乱其战场行动。该手段不需要对指控信号进行破译，可实施性强，具备较好的应用前景。

④ 导航链路干扰与欺骗：与单架无人机不同，无人机集群凭借其功能分布化，可以采用 GPS、BDSNS、Galileo（伽利略）及格洛纳斯卫星导航系统（Global Navigation Satellite Sytem，GLONASS）（俄罗斯建立和管理的在全球范围提供定位、导航、授时等服务的卫星导航系统）等两种或多种组合导航的方式。但由于具备导航功能的无人机较为分散，集群内部可进行协同定位，进一步加大了干扰难度。为确保欺骗效果，必须不间断、宽角度、全覆盖、多频点对无人机集群实施导航干扰与欺骗，直至无人机集群落地被控制。

4. 反制效能评估指标参考

无人机集群反制技术主要依赖人眼观察或监视设备锁定目标，然后利用捕捉网、激光、声波、火力压制、无线电干扰等手段，对目标无人机集群进行捕获、摧毁、控制等操作。目前，无人机集群反制技术在防范恐怖袭击、保护关键地点和重大活动现场，以及维护社会治安秩序方面发挥着重要作用。

无人机集群反制技术涉及多种手段，不同处理方法的效果各不相同，而不同规格参数的反制设备性能也存在差异。因此，面向低空无人机集群的反制效能评估是一项关键技术。鉴于低空无人机集群在恐怖袭击、关键地点保护和维护社会治安等领域的广泛应用，这种评估涉及多种反制技术和系统，需要综合考虑各种因素，以确保高效的无人机集群反制。

无人机集群反制系统的评估是对整个处置过程和设备性能进行综合考量的过程。这不仅需要考虑处置效果的评估，还需要综合考虑处置过程中可能产生的二次灾害风险、操作人员易用性和设备质量。因此，需要将处置效果和二次灾害作为无人机集群反制系统评估的主要指标，并建立完善的评估指标体系。

对于指标中的"处置效果"，可以进一步细化为以下 4 个指标。

① 处置成功率：直接反映了无人机集群反制系统的有效性，可以通过 10 次处置试验，记录目标无人机集群逃脱的次数，描述系统的处置成功率。

② 处置时间：过长的处置时间会严重影响处置效果，可能导致错失最佳处置时机。因此，可以通过记录每次处置活动的开始时间与结束时间来度量处置时间。

③ 处置结果：不同反制系统的原理不同，可能导致不同的作用效果，例如击毁、干扰、悬停等。因此，可将处置导致的结果与期望的结果进行对比，以评估处置结果指标。

④ 处置距离：有效处置距离是在实际反制场景中，设备能够可靠达到的理想处置距离，用于评估系统的处置能力。

对于指标中的"二次灾害"，可以进一步细化为以下 4 个指标。

① 火势：有些反制武器可能导致目标燃烧，从而使周围环境处于危险境况。为了反映火势情况，可以通过衡量处置后产生的火焰面积与无人机集群面积的比值来进行评估。

② 冲击力：主要衡量目标坠落时对地面的威胁程度，可以通过目标近地时速度的大小来评估。

③ 坠落范围：是评估目标坠落对地面威胁的指标，可以通过目标落地位置与受到处置时的位置距离来进行评估。

④ 电磁污染：这个指标考虑了处置过程中周围环境中重要无线电频段的抬升情况，通过频谱检测仪来进行评估。

1.6　小结

本章主要介绍了低空安防相关的基本概念，概述了以低空空域和近海水域等物理域安全防卫为重点的临地安防、低空安防发展源起、基本内涵及技术特点。从低空经济、公共安全、应急管理等角度分析了低空安防研究的意义，关乎国家安全、社会稳定与经济发展，关乎民生安全和隐私安全。从军用和民用等常见应用场景分别简述了低空安防研究现状，同时从技术发展角度简述了低空安防在态势感知与推演、对抗策略和综合反制等方面的研究进展。

1.7 课后习题

1. 请简述临地安防的定义。

2. 请简述低空安防的基本内涵。

3. 请概述低空安防研究的主要原因。

4. 请概述低空安防的技术特点。

5. 请概述低空安防研究的意义。

第2章 低空无人机集群反制概述

在应对低空安防挑战时，需要分析无人机集群的特点，以此为基础构建全面的反制策略。低空无人机集群的特点主要体现在飞控结构、集群组网和协同作战3个方面。在安防挑战方面，低空无人机集群面临的异质化、协同控制、通信扰动和智能决策等问题凸显了其威胁多元性和复杂性。针对这些挑战，无人机集群反制的基本内涵包括态势感知、综合反制规划和反制效能评估3个方面。在反制技术方面，多元化的侦测手段、察打一体的作战能力、反制多元化等特点使反制系统具备了全方位的威胁应对能力。同时，装备轻量化、系统智能化，以及效能评估体系的完善建立确保了反制技术的实战适用性及可持续发展能力。由此可见，低空无人机集群反制策略必须基于对无人机集群特点和低空安防挑战的深刻理解，通过态势感知、综合反制规划和反制效能评估技术,确保对未来不断演变的低空威胁的高效应对能力。低空无人机集群反制概述示意如图 2–1 所示。

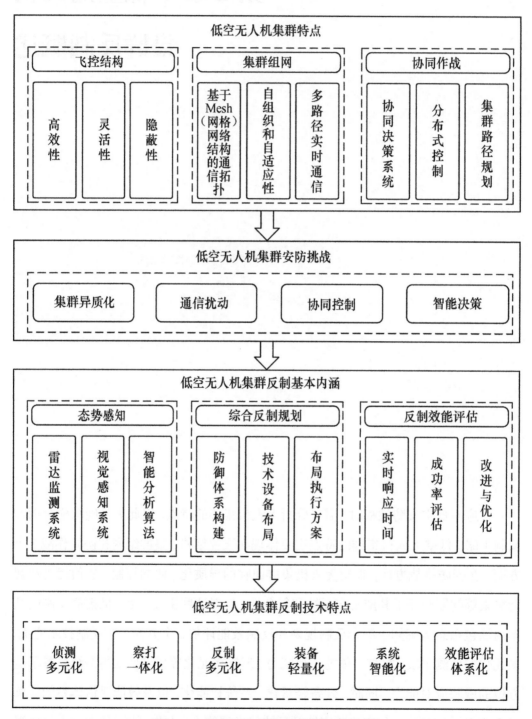

图 2–1　低空无人机集群反制概述示意

2.1　低空无人机集群特点

　　低空无人机集群是由多个无人飞行器组成的协同系统,其特点主要体现在飞控结构、集群组网和协同作战 3 个方面。在飞控结构方面,低空无人机集群采用先进的分布式飞行控制系统,使每个飞行器具备自主飞行和实时响应的能力,实现高效的执行任务。在集群组网方面,通过强大的通信系统,集群中的飞行器能够实时共享信息,形成高效的网络结构,提高整体系统的协同性。协同作战是低空无人机集群的核心特点之一,集群成员通过紧密协作执行各种任务,例如搜索、监视和打击等,充分发挥集群的协同优势。本章将针对低空无人机集群,从飞控结构、集群组网和协同作战 3 个方面展开论述,说明其主要特征。

2.1.1　飞控结构

1. 高效性

　　低空无人机集群的飞行控制单元(Flight Control Unit,FCU)是保障整个系统高效性的关键组成部分。通过分布式控制的设计,每架无人机都搭载独立的 FCU,实现了无人机集群高度的分散化和自主性,使每台飞行器能够在任务执行中独立做出实时决策,不需要中央指挥。这种分布式结构不仅提高了系统的鲁棒性和抗故障性,同时也赋予了整个集群系统较高的灵活性,能够迅速适应不同任务环境及其变化,实现高效的任务执行。在任务分工方面,FCU 的设计使集群中的每架无人机都能够根据具体任务进行灵活调整,实现多样的任务分工,从而提高了整个系统的效率。

　　FCU 的实时反馈和调整功能也对集群的高效性起到了关键作用。FCU 能够实时收集飞行器的状态数据,包括位置、速度、姿态等信息,这使集群中的无人机能够持续地调整飞行路径,规避障碍物,更高效地执行任务。实时的数据反馈使集群系统能够迅速做出决策,快速适应动态的飞行环境,确保任务的高效执行。这种实时反馈和调整的机制不仅提高了系统的适应能力,同时也强化了集群的整体性能。

2. 灵活性

低空无人机集群的灵活性得益于其先进的传感器集成方案，这一设计在多个方面提高了集群系统的适应能力和响应速度。集群中的每架无人机搭载了丰富多样的传感器，涵盖了摄像头、雷达、GPS、惯性测量单元等，形成了全面而多维的环境感知网络。这样多元的传感器组合为系统提供了更加全面深入的环境数据，使集群能够更灵活地应对各类任务。这种灵活性具体体现在以下 3 个方面。

（1）实时数据反馈

为集群中的每架无人机提供即时的环境信息，这种实时反馈机制使无人机能够迅速调整飞行策略，适应环境的动态变化。在低空环境中，风速、气温、障碍物位置等关键数据的即时获取，使集群系统能够在不同条件下保持充分的灵活性，进而保障任务的高效执行。

（2）智能感知和处理

通过实时的环境感知，无人机能够灵活调整飞行路径，规避障碍物。这种对抗复杂环境的能力提高了系统的适应能力和应变能力，使无人机集群在极端条件下也能够保持高度的灵活性。

（3）自适应机制

传感器集成方案的设计使无人机能够根据任务需求选择性地调用特定传感器，实现定制化的环境感知。这种自适应机制允许无人机根据不同任务的特性进行自主调整，从而更好地满足多种任务需求，提高系统的灵活性。

3. 隐蔽性

"低慢小"是无人机的一种飞行特性，具体是指无人机飞行时体现低空、低速、小型的特点。"低慢小"使无人机能够更有效地躲避探测，降低了被敌方侦测和攻击的风险，进而增强了无人机集群在敏感任务中的隐蔽性。

低空飞行使无人机能够更好地利用地形、建筑等遮蔽物，降低自身的可见性。通过保持低空高度，无人机能够有效躲避雷达等远程监测设备，提高系统的隐蔽性。另外，"低慢小"的飞行特性也降低了声音和热红外信号的产生，降低了无人机集群在大范围内被探测到的概率，使其在执行任务时更隐蔽。

"低慢小"的特性有助于减少无人机的红外和视觉特征,降低被红外传感器和光学设备捕捉到的可能性。飞行高度较低、速度较慢,以及体型较小,使无人机集群在视觉和红外光谱中的截面较小,增强了其在复杂环境中的伪装能力,隐蔽性较强。

"低慢小"的特性使无人机集群更容易融入背景噪声中,难以被单一传感器有效识别。在高度机械化和自动化的环境中,"低慢小"无人机往往能够模拟自然元素,与环境融为一体,提高系统的隐蔽性。这种融入环境的特性使无人机集群更难被识别,保障了执行任务时无人机集群的安全,提高了执行任务成功的概率。

2.1.2 集群组网

1. 基于 Mesh(网格)网络结构的通信拓扑

基于 Mesh(网格)网络结构的通信拓扑在低空无人机集群中扮演着关键的角色,为无人机集群系统提供了强有力的通信基础。这种拓扑结构不仅增强了节点之间的通信水平,还在无人机集群的通信方面具有多项优势。

Mesh(网格)网络结构作为一种分布式的通信拓扑结构,在低空无人机集群中得到了广泛应用。相比于传统的星形或总线形拓扑,Mesh(网格)网络通过允许节点之间直接通信,构建了一种自组织的高度灵活的通信体系。这种结构以其强大的适应性和容错性在各种网络结构中脱颖而出,为低空无人机集群的通信提供了理想的解决方案。Mesh(网格)网络的核心原理在于每个节点都与其他节点直接连接,形成一个网状结构。这种连接方式消除了对中央控制单元的依赖,使节点之间能够相互通信,数据能够通过多条路径传输,进而保障了集群系统的稳定性和可靠性。Mesh(网格)网络结构布局如图 2-2 所示。

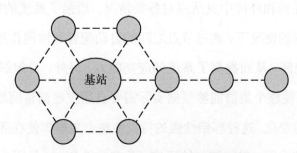

图 2-2　Mesh(网格)网络结构布局

Mesh（网格）网络是一种"去中心化"的结构，每个节点都可以直接与其他节点通信，不需要经过中央控制单元。这种分散的设计增强了集群系统的鲁棒性和可靠性，因为单个节点的故障不会影响整个网络的运行，并且该结构适用于广泛区域的通信覆盖，由于节点之间可以相互连接，所以信息可以通过多个节点传输，从而实现在大范围区域内的通信覆盖。

2. 自组织和自适应性

Mesh（网格）是一种自组织网络（Low Altitude unmanned Aerial Vehicle Swarm，LAAVS），具有独特的特点，旨在实现多飞行器之间的协同操作、信息共享和任务协同。这种网络的主要特点之一是其高度自适应性，通过飞行器之间的实时通信和智能算法，实现在面对环境变化时任务需求的实时调整。自组织网络的实现是基于分布式计算和通信的，这使集群中的每台飞行器都能够自主感知、自主决策，并及时做出响应。

在低空无人机集群中，自组织网络通过无线通信建立相互之间的连接，形成一个动态的、自组织的网络拓扑结构。这种分散的结构使网络具有很强的鲁棒性，能够在部分节点失效或者新增节点的情况下仍然保持高效运行。另外，自组织网络的分布式管理模式减少了对中心化控制的依赖，增强了系统的可扩展性和自适应性，使集群在复杂、变化的环境中更灵活。

（1）自组织性

自组织性体现在整个网络中，其中各个无人机节点能够通过分布式决策实现自主连接及路径构建，形成一种"去中心化"的拓扑结构。这种自组织性使整个集群能够在动态变化的任务和环境中灵活应对各类情况，增强了系统的鲁棒性和适应性。网络在无外部控制的情况下，通过节点之间的自动配置和协同作用，形成有序的结构，不需要中央控制，从而提高了系统的应变能力。另外，自组织性还表现为网络的自动调整能力，使整个集群能够根据实际需要自适应地调整网络拓扑结构，适应各种任务和环境的变化。这种容错性强的特点使整个集群即使在部分节点失效或者受到外部干扰的情况下，仍能够保持通信，并完成任务。这是因为其他节点能够自动填补空缺，所以能够确保系统的可靠性和稳定性。自组织网络的高度适应性表现在对不同环境条件、任务需求和网络负载的灵活应对能力上，通过节点之间的自主协调和互动，网络能够迅速适应各种情况，提高了系统的整体性能。

（2）自适应性

作为低空无人机集群组网的关键特点之一，自适应性主要体现在系统能够主动感知并调整自身结构或行为，以适应外部环境变化。这种自适应性在低空无人机集群中的具体表现，包括环境感知和数据共享、动态资源管理、实时通信、智能决策和任务规划，以及自主学习和优化等方面。节点通过感知周围环境、获取任务信息，以及与其他节点交换数据，实现对环境变化的实时响应。同时，系统能够动态管理资源，包括电池能量、通信带宽等，通过实时监测自身状态和资源利用情况，调整工作模式和通信策略，最大限度地提高整个集群的工作效能。实时通信是自适应性的重要表现，确保了集群中的无人机节点能够根据通信需求和网络状态实时调整通信参数，以确保及时而高效的信息传递。

另外，自适应性还表现在智能决策和任务规划方面，节点能够根据实时信息，动态调整飞行路径、任务执行策略，以适应任务的实际需求。最后，自适应网络系统中的一项重要特性是自主学习和优化能力，通过机器学习技术，系统能够从经验中学习，不断优化决策和行为，使集群在长期运行中能够不断提高自身性能。

低空无人机集群的集群组网中的自组织性和自适应性特点，使一个高度灵活、自动化且具有智能决策能力的网络系统得以构建。这种网络特性使集群能够在复杂多变的低空环境中高效协同，完成不同类型的任务。

3. 多路径实时通信

低空无人机集群网络中的多路径实时通信特性在应对复杂动态的低空极端环境方面发挥着关键作用。

多路径实时通信的鲁棒性和可靠性是其显著优势之一。在低空环境中，无人机可能面临各种挑战，例如信号干扰、地形阻挡等，可能导致某些通信路径受到影响。通过允许数据历经不同路径传输，多路径实时通信提高了集群通信的鲁棒性，即使某些路径受到干扰或中断，系统仍能够选择其他可用路径，保障集群正常通信。

多路径实时通信系统表现出极强的抗干扰能力，能够通过选择干扰较小的路径或在某些路径受到干扰时切换到其他可用路径，提高了系统在复杂电磁环境中的稳定性和可用性。这种动态适应能力使系统能够实时调整通信路径，以适应无人机集群任务需求的变化。另外，多路径通信的负载均衡特性使数据流量能够得到有效分散，避免某一路径过度拥挤，提高了系统的通信效率。

多路径实时通信能够提高通信带宽。通过同时利用多条路径进行通信，整个集群的通信带宽得以提升，有效满足大量数据传输的需求，提高了数据传输的速度和效率。多路径实时通信中的实时性，保证了集群中的无人机节点在任务执行中能够进行及时高效的信息传递。在需要及时响应和协同决策的应用场景中，多路径实时通信降低了通信时延，提高了系统的时效性。多路径实时通信系统具备自愈能力，即当某一路径发生故障或失效时，系统能够自动切换到其他可用路径，保证通信的连续性。这种自愈能力提高了系统的稳定性，降低了通信中断的风险。

2.1.3　协同作战

1. 协同决策系统

低空无人机集群协同决策系统是一项复杂而精密的技术体系，其核心目标在于通过有效的信息交互和智能决策，使集群中各个无人机节点能够以协同一致的方式执行任务，最大限度地发挥集群整体性能。该系统的首要特点在于实时协同，各个节点之间通过高效的通信手段共享感知数据、环境信息，以及任务状态。通过这种实时协同，集群中的无人机能够了解彼此的状态和动态，从而实现更为智能和适应性强的决策。协同决策系统基于先进智能算法，考虑到集群规模、环境变化、任务优先级等多个因素，通过分析和综合各个节点的信息，制定最优行动方案。具体涵盖了路径规划、资源分配、任务调度等多个层面，使整个集群能够以协同的方式高效执行任务。在实现协同决策的过程中，系统还充分考虑到各个节点之间的通信负担、信息传递时延等问题，通过智能调度和优化算法来提高协同决策的实时性和有效性。

协同决策系统也具有较强的容错性，通过备份策略和错误处理机制，确保当某个节点发生故障时，整个系统依然能够稳定运行。系统的适应性体现在其能够根据不同的任务需求和任务环境做出相应调整，使集群能够在复杂多变的低空环境中应对各类挑战。

另外，协同决策系统还具备学习能力，通过对历史数据和任务执行结果的分析，不断优化决策策略，提高系统的智能水平。综上所述，低空无人机集群协同决策系统是一项高度智能化、实时协同、容错性强、适应性强的技术体系，为无人机集群在低空环境中高效执行任务提供了关键的技术支持。

2. 分布式控制

分布式结构没有一个确定的控制中心（中心节点），每架无人机在集群系统中的地位是平等的，它们通过合作的方式协同完成任务。在分布式控制结构下，全局控制问题被分解成多个子问题，并由每架无人机独立解决。每架无人机具有一定的自主控制与决策能力，能够根据拓扑网络的连通情况与其他无人机进行信息交互，在分布式协同控制协议的作用下，实现无人机集群系统的整体控制。分布式结构具有实时性好、鲁棒性强、计算量低、灵活性高等优点。但由于多架无人机在分布式结构下，对全局性能考虑不足，容易造成全局性能不足的问题，所以分布式结构比较适合处理具有动态性高、实时性强的任务。分布式协同控制体系示例如图 2-3 所示。

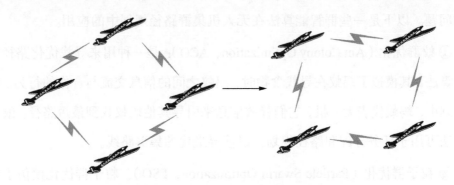

图 2-3　分布式协同控制体系示例

低空无人机集群的分布式控制特点彰显了一种高度先进且高效的系统设计，其核心在于将控制决策权下放至各个无人机节点，实现"去中心化"的集群管理。该集群系统将自主决策技术、分布式感知技术、实时协同技术、容错技术、自适应技术和可扩展技术有机融合，构建了一个高度智能、自适应、高效协同的集群控制架构。

3. 集群路径规划

低空无人机集群路径规划是实现无人机协同飞行的关键技术之一，也是当前的研究热点之一。充分考虑无人机的飞行能力、环境条件、任务目标，可以为无人机集群规划最优飞行路径，并为后续的无人机集群飞行提供基础保障。针对无人机集群路径规划问题，国内外学者进行了广泛的研究，目前主要有两类方法：一类是基于几何路线图的方法；另一类是基于最优控制的方法。

（1）基于几何路线图的方法

Dijkstra（迪杰斯特拉）算法是一种用于解决最短路径问题的经典算法，通常用于有向带权图中寻找从一个起点到所有其他顶点的最短路径。该算法的基本思想是从起点开始，逐步探索距离起点最近的顶点，并逐渐扩展到其他顶点，同时记录从起点到每个顶点的最短路径。在无人机集群路径规划的背景下，Dijkstra算法可用于计算不同位置无人机之间的最短路径，进而规避障碍物，高效的任务执行。

群智能算法是一类受到自然界中群体行为启发的优化算法，通过对集体智慧表现的模拟，从而解决复杂问题，包括无人机集群路径规划。这类算法通过模仿动物（例如蚂蚁、鸟群、鱼群）或其他自组织系统的行为，从而求解无人机集群路径规划的问题。以下是一些群智能算法在无人机集群路径规划中的应用。

① 蚁群优化（Ant Colony Optimization，ACO）：是一种用来寻找优化路径的概率型算法，其模拟了蚂蚁在寻找食物时，蚂蚁之间的信息交流与合作的行为。在路径规划中，蚂蚁代表无人机，它们释放信息来引导其他蚂蚁找到最短路径。蚁群优化算法可用于任务分配和路径规划，以搜寻最优的集群路线。

② 粒子群优化（Particle Swarm Optimization，PSO）：粒子群优化模仿了鸟群或鱼群中个体之间的协作和信息共享。在无人机集群路径规划中，无人机或机器人被视为粒子，在算法模型的解空间中寻找最佳路径，并通过合作来优化整个集群的性能。

③ 鸟群优化（Bird Swarm Optimization，BSO）：类似于粒子群优化，鸟群优化模拟了鸟类在搜索食物和避免危险时的集体行为。该优化算法可应用于多机器人任务分配和路径规划，以确保无人机或机器人在遵守约束的情况下协同工作。

④ 人工蜂群算法（Artificial Bee Colony algorithm，ABC）：人工蜂群算法受到蜜蜂在寻找食物和在蜂巢中分配任务的行为启发。在无人机集群路径规划中，无人机可以被看作蜜蜂，根据任务的需求和距离来分配和执行任务。

（2）基于最优控制的方法

伪谱法是一种数值方法，通常用于解决轨迹优化和路径规划问题。该方法在无人机集群路径规划中可应用于优化无人机或机器人的轨迹，以满足各种约束条件和性能指标。该方法基于最优控制理论，通过将轨迹分解为离散点上的状态和控制输入，将路径规划问题转化为一个离散优化问题。伪谱法采用拟谱方法，即将问题从连续空间转化为离散空间，并利用拟谱点来逼近最佳轨迹，以满足特定的性能要求，例如最小时间、最小能源消耗等。该方法通常需要数值优化技术，例如非线性规划，以辅助搜寻最佳轨迹。

序列凸优化是一种优化方法，特别适用于复杂的路径规划和轨迹优化问题。在无人机集群路径规划中，该方法可应用于多架无人机或机器人的协同路径规划，以满足多个任务约束条件。该方法通常将路径规划问题分解为一系列凸优化子问题，并依次解决它们。每个子问题都是凸优化问题，因此，可以进行高效求解。通过不断迭代，序列凸优化方法实现了对路径规划解决方案的全局优化，确保路径满足约束条件和性能要求。

2.2　低空无人机集群安防挑战

低空无人机集群技术的崛起已经在多个领域引起了巨大的变革。无人机、无人车、无人船等无人系统的集群协同操作，为民用、科研等领域带来了前所未有的挑战。本节将从集群异质化、通信扰动、协同控制和智能决策 4 个方面深入探讨低空安防挑战，为无人机集群反制规划提供理论基础。低空无人机集群安防挑战示意如图 2-4 所示。

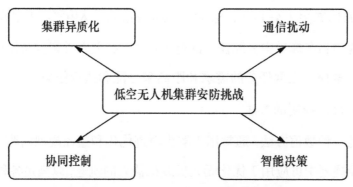

图 2-4　低空无人机集群安防挑战示意

2.2.1　集群异质化

低空无人机集群技术的崛起已经改变了许多行业，包括民用、科学研究等领域。在低空无人机集群中，无人机的异质化和高速飞行带来了严峻的挑战。异质化表现在无人机群体的多样性，可能涵盖不同尺寸、不同速度和不同功能的无人机。其结果是传统的安防系统在面对大高速规模异质无人机集群时可能面临一定性能瓶颈。低空无人机集群的飞行通常在距离地面数百米之间，这使它们与地面及其他飞行器的距离更近，因此，需要满足更高的安全性和可靠性要求。

低空无人机集群中异质化群体的引入增加了系统的复杂性。不同类型的无人机可能搭载不同的传感器，执行不同的任务，并采用不同的通信协议。因此，监测系统在处理异质化群体时，需要具备高度的灵活性和适配性。传感器的适配和数据的融合变成一项重要挑战，监测系统必须能够实时识别和整合来自不同无人机的异构数据。另外，对无人机任务的感知与分类也是关键一环，以确保对不同任务的无人机能够做出准确的监测与响应。

实时监测是确保低空无人机集群安全性的关键要素。系统需要能够以高频率处理来自不同架无人机的大量数据。这需要先进的数据处理算法和实时通信机制，以确保监测系统能够及时感知无人机的状态。突发事件的快速检测与响应是实时监测的核心，监测系统必须具备较高的智能水平，能够在发生突发事件时迅速采取有效措施，确保公共安全。

高速异质化是当前无人机的显著特点。不同速度的无人机可能在同一时间内存在，因此，对于监测和响应系统而言，需要考虑如何有效处理这种异质性。无人机在低空的高速异质化移动增加了监测的难度。监测系统需要具备对高速目标的跟踪能力，以确保能够对快速移动的无人机实现持续跟踪。此外，飞行动态建模也是必要的，这种建模的方式可以更好地理解无人机的飞行行为。快速数据传输与处理是解决高速异质化问题的关键，监测系统应当具备高效的数据传输通道和实时处理能力，以确保能够迅速获取并分析无人机的信息。

此外，多架无人机之间的通信和协作可以帮助它们规避障碍物。通过集群内部通信和协作算法，无人机可以共享障碍物信息，实现协同飞行，从而避免碰撞。低空无人机集群与有人飞机、直升机等其他飞行器共享空域，这增加了空中交通管理的复杂性。因此，如何做好协调和规划，确保低空无人机集群和有人飞机之间的协同飞行至关重要。

无人机集群内部进行协同工作时，数据链是进行多信息融合处理、多方位协同探测、高精度定位、实时高速信息传输、装备之间协同分配及综合控制的关键技术。通过数据链，无人机集群实现了信息共享、行为一体化、探测引导、打击及效果评估等功能。面对无人机集群的袭击时，安保人员可利用具备数据链攻击功能的反制设备，对无人机集群展开电子对抗，使无人机集群无法进行指令传输、信息传递，更无法实现对袭击目标的信息收集、指挥控制和装备协同数据的实时分发，破坏无人机集群活动的任务序列，降低攻击效能[1]。引入自动化的空中交通管理系统，能够规划和监控无人机的飞行路径，以减少空中碰撞的风险。建立有效的通信系统，允许不同飞行器之间进行通信和数据交换。同时，制定统一的空中交通管理标准和协议，以确保不同类型飞行器的互操作性和安全性。

具备智能控制系统的无人机可以在极短的时间内调整飞行路径，对传统监测系统提出了新的挑战。快速路径调整是对动态环境的迅速适应。监测系统需要具备实时路径规划的能力，能够根据无人机当前的飞行状态和环境变化实时生成新的路径规划。与此同时，高效的通信与指令传递对于快速路径调整至关重要。监测系统应

---

1. 王瑶, 齐霞, 覃亦儒. 无人机集群威胁与警务应对策略初探 [J]. 广东公安科技, 2021, 29(2): 15–17.

确保与无人机之间的通信具有低时延、大带宽的特性，以便及时传递路径调整指令。引入智能路径优化算法可以使路径调整更智能，提高系统对动态环境的适应性。

低空无人机集群在飞行时，与地面和其他物体的距离较近，因此，面临与障碍物碰撞的风险。避障和碰撞风险是飞行安全面临的首要挑战之一。一方面，应确保每架无人机都能够准确识别前方的障碍物，并及时采取避让措施，使用多种传感器，例如摄像头、激光雷达、超声波传感器等，可以提高障碍物检测的准确性；另一方面，通过不断优化智能避障算法，使无人机能够实时响应，并规避障碍物也非常重要。

2.2.2　通信扰动

在应对低空无人机集群的通信干扰时，通信扰动所引发的问题使无人机集群在面对未来战场威胁时的复杂性进一步提高。通信干扰作为一种电子对抗手段，不仅威胁着信息获取的精确性，而且严重影响了指挥与控制系统的稳定性。在这样的战场背景下，反制手段需要在高度复杂的信息环境中履行其职责，确保信息的准确传递，从而为战场指挥决策提供稳定可靠的信息。

从信息收集角度来看，通信干扰所导致的信息收集问题不仅体现在实时信息收集量的匮乏，而且这种干扰深层次地影响了系统对无人机集群行动和意图的理解。在低空无人机集群的多传感器协同作战中，关键信息的丧失可能带来对集群系统整体动态的失控。因此，反制手段需在通信干扰的背景下，运用先进的情报技术和数据融合算法，以弥补信息缺失造成的数据不足，确保对无人机集群行动的全方位监控和分析，从而提升反制的有效性与准确性。

另外，通信干扰对指挥与控制链路的中断可能导致对集群的实时掌控陷入混乱，对于反制手段而言，需要通过创新性的指挥与控制系统设计来应对这一挑战。通过采用分布式网络结构和自适应算法，反制手段可实现在通信干扰环境下的实时反馈和指挥决策调整，确保战场指挥链的稳定性。这种技术创新的应用将对未来战争指挥系统的发展产生深远的影响，为战场中决策的制定提供更灵活的方案。

通信干扰可能导致传感器性能受损，从而使对低空目标的感知与识别变得异常困难。在传感器技术方面，反制手段需要依赖先进的抗干扰传感器技术，通过智能感知和自适应信号处理，以维持对低空无人机集群的高精度探测。因此，传感器系统的技术升级和不断创新成为实施有效反制的首要任务,以确保在通信干扰环境中,依然能够实现对目标的精准监控和追踪。

通信干扰所引发的电子对抗对于无人机集群反制手段而言,不仅是一场技术层面上的较量,而且是一场智能战争的角逐。反制手段需要通过持续不断的技术创新,针对多变的通信干扰形式,设计出高效、多层次、多领域的电子对抗系统,综合运用雷达诱饵、频谱扫描和虚假目标注入等手段,实现对抗"通信干扰对电子对抗设备"的干扰效应。在这个智能电子对抗的领域中,反制手段将更加依赖自主学习和决策系统,以应对快速变化的通信干扰。

低空无人机集群的通信扰动是一个复杂并且持续演化的问题。通过采用技术、政策和法规等手段,可以有效管理并减轻这些困难,从而确保无人机集群系统的安全性,同时促进其可持续发展。在不断演进的技术和威胁环境中,为适应未来的数据隐私和安全需求,保持警惕和创新至关重要。

2.2.3 协同控制

无人机的安全稳定飞行依赖于鲁棒控制算法,这种算法可以增强无人机自主飞行过程中的抗干扰能力。

田栢苓等人提出了一种连续多变量姿态控制方法,使四旋翼无人机的姿态跟踪误差在有限时间内趋于零。针对带有匹配扰动的任意阶积分器系统,提出一种多变量类超螺旋算法(Super Twisting Like Algorithm, STLA),为了补偿干扰,在控制律中引入了一个不连续的积分项。无人机实现完全自主飞行面临路径规划与精确跟踪两个方面的挑战。一般来说,无人机规划器和控制器均为单独设计,路径规划可通过全局或局部路径规划算法实现,但控制器却无法实现精确的轨迹跟踪。针对上述问题,纪佳林提出了一种基于飞行走廊的模型预测跟踪控制算法(Corridor-based Model Predictive Contouring Control, CMPCC)。该算法通过最大化跟踪进度与最小化跟踪误差克服不可测干扰,以提高系统的鲁棒性,抵抗外部扰动。该算法可以实时优化无人机的飞行速度,具有较好的安全性及可行性。无人机在飞行过程中受到非正常的外力干扰,导致无人机的位置控制产生偏差,影响无人机飞行的稳定性。针对上述问题,丁梓明等人提出了一种紧耦合的视觉惯性动力学里程计估计方法。

该方法在外力变化较大的情况下，能够稳定准确地估计外力值和无人机姿态。航线安全是无人机无风险运行的前提条件。当前规划的安全航线可能会受到实际飞行过程中未知干扰的影响，出现不可控的危险情况。针对上述问题，Hoseong Seo 等人提出了一种针对未知但有界扰动的路径规划方法，利用 Hamilton–Jacobi（哈密顿–雅可比）进行路径可达性分析，在一段时间内获取系统所有可达路径的集合，进而规划一条规避危险的安全路径，并在系统遇到突发干扰时实现快速重新规划。

无人机集群在协同飞行的过程中，集群整体的队形设计及队形保持是亟须解决的难题之一。合理、高效的队形设计可以节省无人机的能量消耗，从而延长无人机集群的飞行时间，同时还可以增强无人机集群飞行的安全性。因此，Lau 等人提出了一种基于紧张度的无人机协同飞行控制算法，通过建模得到了多种稳定队形。但是如何在计算量最小的条件下，快速形成最佳队形并保持队形稳定是解决协同飞行难题的关键所在。为了有效解决这类难题，现有工作主要从无人机集群的动力学建模和集群队形的控制算法两个方面着手研究。

在无人机集群的动力学建模方面，基于 leader-follower（领导者跟随者模式）动力学模型，无人机集群协同飞行问题可以转换为追踪问题进行处理。

吴立尧等人基于此模型设计了动态反馈自适应集群队形保持控制器。Fu 等人通过设计无人机集群中 follower（跟随者）与 leader（领导者）之间的位置和速度一致性控制率，实现无人机集群队形的保持，进一步结合人工势场法（是由 Oussama Khatib 博士提出的一种应用于研究机器人的路径方法）实现了考虑避障的协同飞行。在集群队形的控制算法方面，肖宗豪等人提出了基于 Agent（智能体）与元胞自动机的协同飞行算法，实验结果证明，混合式控制算法在协同飞行任务中的一致性、可控性和跟随性，以及在降低通信负载方面具有明显优势。Luo 等人采用比例—积分—微分（Proportional–Integral–Derivative，PID）控制方法设计了集群队形保持的控制器，考虑到现实环境和噪声会对传感器采集数据产生影响，从而导致队形不稳定的情形。

2.2.4　智能决策

自主决策技术最早源于机器人和无人驾驶领域,随着无人机集群任务需求的变化和交叉学科的不断发展,各种决策技术在无人机集群领域也得到了广泛应用。自主决策技术既是无人机集群智能化的体现,也是实现集群优势的核心。在无人机不同速度、不同相对距离、不同数据类型的复杂情景下,需要准确提取有效信息为无人机下一时刻的决策做出安全可靠的控制指令。首先,提取出具有代表性的环境特征信息,建立足够数量且精确标定的学习数据集;然后,构建基于深度神经网络的决策器,利用建立的数据库进行学习;最后,利用机器学习算法对构建的决策器进行优化,进一步提高决策精度。

多智能体以其强大自主决策能力及良好的容错性、可扩展性、适应性、鲁棒性和协作能力等特点,在无人机集群和机器人足球自主决策领域备受关注。

例如杨军等人通过对任务性能效率的计算,提出了一种基于多智能体强化学习的决策算法,使无人机能够自主动态地调整任务策略。陈杰等人采用角色分配来代替多智能体自主决策,使用强化学习方法训练决策层,使其在各个状态下都能选择最优的角色分配策略。杨家辉等人为了降低实际环境的复杂性,考虑优化问题的计算时间,采用启发式的社会学习粒子群优化方法实现目标函数的最大化,提高了无人机集群的决策效能。

由于大规模集群的复杂性,所以任务规划及分配是无人机集群自主决策的关键,合理的无人机集群任务分配模型和算法将大大提高集群整体性能,释放无人机的潜力。当前,主流的分配模型主要分为集中式和分布式两种。需要说明的是,任务分配是一种复杂的组合优化问题,在满足时间要求、协同要求、路径要求,以及任务完成度要求下,解决集群成员和多项任务之间对应关系的问题,需要高效的任务分配算法支撑。

异构无人系统整合针对于低空无人机集群中的多种不同类型的无人系统,例如无人机、无人车、无人船等。这些异构系统具有不同的传感器配置、不同的动力系统和不同的执行任务能力,因此,如何有效地整合这些系统,构建一个统一且高效的智能决策系统是一个重要的挑战。

从不同类型的无人系统中获取的信息可能是异构的，包括传感器数据、图像信息等。进行多源异构信息融合，提取有用的特征，支持智能决策系统，是一个亟须解决的关键问题。

低空环境属于一种复杂多变环境，涉及复杂的地形、气象条件，以及人工结构物等多种因素，这使智能决策系统需要具备强大的环境感知和适应能力，以应对各种复杂多变的情境。目前，智能决策系统的架构普遍存在差异，缺乏统一的标准。这导致不同厂商或研究团队开发的系统之间难以进行协同工作，系统集成和升级的复杂性进一步提高。

最优拓扑结构选择及智能决策系统的结构需要具备一定的灵活性，以适应不同任务场景。然而，在实际应用中，选择最优的拓扑结构仍然是一个具有挑战性的问题，涉及系统性能、计算效率和通信开销等多项因素。

为了实现智能决策系统的自主协同行为，需要设计具备学习和适应能力的算法。当前存在的问题包括算法的复杂性、训练数据的获取难度，以及在实时环境中进行算法更新的可行性。

低空无人机集群智能决策的挑战主要包括异构系统整合及环境自适应。通过标准化接口、多模态信息融合、环境感知与建模、系统标准制定、拓扑结构优化和自主协同算法等策略，可以有效推动智能决策系统在低空无人机集群领域的发展。这些策略的综合应用将是未来无人机集群研究的重点。

2.3　低空无人机集群反制基本内涵

低空无人机集群反制是指采取一系列技术手段和组织策略，对低空范围内的无人机集群进行监测、识别并进行有效应对的系统性行动。这一领域被关注主要源自无人机技术的快速发展，以及无人机在商业和个人领域中的广泛应用。低空无人机集群反制旨在保护关键设施、维护公共安全，以及应对潜在的安全威胁。

低空无人机集群反制的目标在于建立一套全面有效的体系,能够及时、准确地感知低空无人机的存在,迅速做出反应并采取必要措施,以确保安全和秩序。其意义在于应对无人机可能带来的潜在风险,保障公众利益,维护社会稳定。通过有效的反制措施,可以降低无人机对航空、国防、公共交通等领域的潜在威胁。

2.3.1　态势感知

在现代临地安防中,态势感知技术扮演着关键角色。其中,雷达监测系统通过发射和接收电磁波实现对低空无人机集群的远程感知和精准跟踪,包括相控阵雷达、多普勒雷达、脉冲雷达和连续波雷达,以适应复杂环境下的不同需求。视觉感知系统则利用摄像头和红外传感器等设备获取目标的视觉信息,通过高级图像处理和分析技术实现对无人机的识别、跟踪和行为分析,具体分析方法包括图像去噪、特征提取和深度学习分类。基于智能分析算法,结合多传感器融合和大数据处理,利用机器学习技术从海量数据中提取关键信息,实现对目标态势的高效分析和智能决策,为应对复杂多变的低空无人机集群威胁提供科学依据和决策支持。总体而言,态势感知技术将在未来的临地安防中发挥越来越重要的作用,提升系统对低空无人机集群的感知能力和反制效率。

1. 雷达监测系统

在低空无人机集群反制领域,雷达监测系统是一项关键的技术工具,其卓越的性能和多样化的应用使其成为临地安防中不可或缺的组成部分。

雷达监测系统由发射机、接收机、天线和信号处理系统等组成,通过利用无线电波的反射特性,实现对目标的远程感知。发射机产生一束脉冲电磁波,这些波被天线发射到空中,当电磁波遇到目标时,一部分被目标表面反射回来,并被接收机接收。接收机通过测量返回信号的时间延迟,计算目标的距离。同时,接收机还分析反射信号的频率变化,以确定目标的速度。这样,雷达系统就能够实现对目标的定位和跟踪。在低空无人机集群反制中,雷达监测系统根据其工作频段、探测范围和特定任务要求的不同,可以分为以下几种类型。

①相控阵雷达：是一种电子扫描雷达，通过调整相位来改变波束的方向，实现快速、精准的目标扫描。相控阵雷达适用于复杂环境下的目标跟踪和定位，对低空无人机集群的探测更敏感。

②多普勒雷达：主要用于测量目标的速度。通过观察目标引起的频率变化，多普勒雷达能够高效地检测目标的运动状态，适用于快速移动的低空目标，例如无人机。

③脉冲雷达：是以脉冲波形进行测量，适用于定点观测和距离测量。在低空无人机集群反制中，脉冲雷达常用于精确定位，准确测算目标与感知系统之间的距离。

④连续波雷达：将持续发射波形，适用于高精度测量。在低空无人机集群反制的应用场景中，连续波雷达可以提供更为精准的速度信息，对于探测快速移动的目标具有一定优势。

另外，雷达监测系统具有以下特征和优势。

①快速响应：能够在短时间内探测到低空无人机集群，这一特性对于实时感知和迅速反制无人机的威胁至关重要。

②实现高精度目标跟踪：包括位置、速度等信息，有助于对无人机的行为和意图进行精细分析。

③通过电磁波在大气中的传播进行工作：能够适应各种复杂环境，工作在不同天气条件下，包括雨雪、浓雾等。这使雷达在各种环境中都能稳定可靠地工作，保证了对低空无人机集群的持续感知。

④较强的抗干扰能力：这种能力能够应对无人机采用的干扰手段，保障系统稳定运行。

在未来的临地安防中，随着雷达技术的不断发展和创新，其在低空无人机集群反制中的地位将进一步凸显。雷达监测系统的多样化、高度集成化将为临地安防水平的提升提供有力支撑。

2. 视觉感知系统

视觉感知系统是低空无人机集群反制中至关重要的一项技术，通过使用摄像头、红外传感器等设备获取图像信息，为系统提供对目标的直观视觉识别。在这一领域，视觉感知不仅可以获取图像，还可以通过对图像的处理和分析，实现对无人机的识别、跟踪和行为分析。视觉感知的关键技术主要体现在以下 3 个方面。

（1）视觉感知的核心在于采用先进的传感器技术

摄像头和红外传感器是最常用的设备，能够捕捉目标在可见光和红外波段的图像。可见光摄像头对于日间监测具有良好的效果，而红外传感器则在夜间或恶劣天气下发挥重要作用。这两种传感器的组合能够提供全天候的视觉监测能力，在各种环境条件下，可实现对目标的有效感知。

在传感器技术的发展中，高分辨率、低光级、多光谱等特性的传感器逐渐应用于视觉感知领域，提高了对目标细节的捕捉能力。这意味着系统可以更准确地获取目标的形状、颜色、标识等外观特征信息。由此可见，随着传感器技术的不断发展，系统对目标的识别能力不断提高。

（2）图像处理与分析技术是支撑视觉感知的重要基础

通过对传感器获取的图像进行处理，系统能够提取出目标的特征，并进行有效地识别。图像处理包括图像去噪、增强、分割等步骤，以确保从图像中获取的信息是清晰的、有用的。

在图像分析阶段，采用深度学习、神经网络等先进技术，对目标进行分类和识别。这些技术能够模拟人类对目标的认知过程，使系统能够更智能地理解图像信息。例如系统可以学习无人机的特征，包括翼展、旋翼数量、飞行姿态等，从而实现对不同类型无人机的准确分类。

图像处理与分析技术还可以用于目标的跟踪。通过连续的图像帧，系统可以追踪目标的运动轨迹，提供目标的实时位置和速度的分析信息。这种实时跟踪能力对于快速响应潜在威胁至关重要。

（3）视觉感知的综合性体现在多传感器融合上

除了可见光摄像头和红外传感器，还可以整合其他传感器，例如激光雷达、毫米波雷达等，以获取更多维度的信息。多传感器融合可以弥补单一传感器的局限性，提高系统在不同环境和复杂情况下的感知能力。

多传感器融合的关键在于，将来自不同传感器的信息进行有效整合。这需要先进的数据融合算法，能够在时空域上将各传感器的数据进行同步和融合，形成更完整的目标态势。通过综合多种感知手段，可以实现系统对低空无人机集群的全天候感知，提高对潜在威胁的感知准确性和可靠性。

在视觉感知的发展中，技术的不断创新和提升使系统能够更精准地识别、跟踪和分析低空无人机。视觉感知的综合应用为低空无人机集群反制提供了强大的工具，保障了系统对于潜在威胁的高效感知和迅速响应能力。

需要说明的是，根据传感器设备类型和感知数据模态类型，多源数据融合又可从以下 3 种不同情形来理解。

① 多传感器数据融合

在低空无人机集群反制中，多传感器数据融合是实现全面感知和准确识别目标的关键步骤。通过整合多源数据，系统可以更全面地理解目标态势，提高对潜在威胁感知的准确性。

② 时空数据融合

低空无人机集群要求系统利用多种传感器，例如雷达、摄像头、红外传感器等，这些传感器提供不同波段、不同视角的信息，通过整合这些数据，系统可以形成对目标态势全方位、多维度的认知。例如雷达提供目标的位置和速度信息，摄像头和红外传感器提供目标的外观和热特征。通过数据融合，可以实现在不同环境和不同条件下对目标的准确感知和识别。

③ 情报数据融合

低空无人机集群的高动态性要求系统能够对目标进行时空上的连续监测。通过整合时序数据，系统可以追踪目标的运动轨迹，分析其行为模式。这种时空数据整合有助于系统更好地理解目标的意图，提高对无人机集群威胁的实时感知和响应能力。

除了传感器数据，系统还可以整合各种情报数据，包括空域情报、电子情报等。这样的数据融合可以为系统提供更多关于目标的背景信息，例如制造商信息、注册信息等，有助于全面分析无人机的特征和威胁程度。

多源数据融合能够将不同类型、不同来源的数据融合在一起,为系统提供更全面、更准确的目标态势信息,从而为后续的智能分析提供更有力的支持。

3. 智能分析算法

在低空无人机集群反制中,智能分析算法是对融合的多源数据进行高效处理和决策的核心。通过利用先进的智能算法,系统能够从海量数据中提取关键信息,实现对目标的精准识别。以下我们从 3 个方面详细介绍智能分析算法在低空无人机集群反制中的关键作用。

(1)智能分析算法的核心之一是机器学习,尤其是深度学习

这些算法通过训练模型,使系统能够从大量数据中学习目标的特征和模式。对于无人机的识别,深度学习可以通过卷积神经网络等结构实现对图像的高级特征提取,从而提高对不同类型无人机的准确分类能力。

(2)智能分析算法还包括对目标行为的分析

通过监测目标在时序数据中的动态变化,系统可以识别不同的行为模式,例如正常飞行、异常悬停等。这种行为分析有助于系统从目标的行为中推断其可能的意图,提高对潜在威胁的分析能力。智能分析算法要求系统能够有效地融合多维度的数据,并在此基础上做出智能决策。通过整合来自不同传感器的信息、情报数据和机器学习模型的输出,系统可以形成对目标态势的全面认知,并实时根据事先定义的策略选择准确的决策。这种决策支持能力是确保系统在面对复杂多变的低空无人机集群威胁时保持高效应对能力的关键。

(3)智能分析算法在低空无人机集群反制中的应用

该应用使系统能够更智能地处理和分析大量数据,提高对目标的识别能力和对目标威胁的分析能力,为后续的反制行动提供科学依据和决策支持。

2.3.2　综合反制规划

综合反制规划是应对低空无人机集群威胁的一项关键举措,其核心在于构建坚固的防御体系。通过系统性的规划,该防御体系应当能够有效识别低空无人机集群的态势,包括其数量、类型和行为等,从而为实施有针对性的反制措施提供必要的

信息。防御体系建设还需要充分整合多元化的技术手段，包括先进的侦测、干扰、拦截等技术，以提高对低空无人机集群的全方位应对能力。同时，综合反制规划要考虑异质化威胁，因此，防御体系应当具备灵活应对不同类型集群的能力，并不断更新优化以适应动态威胁环境。总体而言，防御体系的建设是综合反制规划的核心要素，致力于保障对低空无人机集群威胁的有效应对能力。

1. 防御体系构建

在防御体系构建中，多层次布局在低空无人机集群反制中是确保系统高效应对潜在威胁的关键。其涉及传感器、监测设备、识别系统和反制装置等多种技术的整合，最终建立一个多层次、多维度的监测体系。这种布局意味着使用多种传感器和监测设备，将其分布在不同高度、不同地点，并且从不同角度来监控低空空域。这样的布局使防御系统具备了多层次、多角度的感知能力，大大提高了对潜在威胁的检测能力。

2. 技术设备布局

技术设备布局需要具备高度的集成性和互补性。传感器、雷达系统、视觉感知设备，以及反制装置等技术设备需要紧密配合，形成一个完整的防御体系。例如相控阵雷达与视觉感知设备的互补使用，能够提高目标识别的准确度和追踪的精度。高度集成的技术设备让防御系统在面对复杂场景时能够更快速、更准确地做出反应。

3. 布局执行方案

布局执行方案必须具备一定的灵活性和可升级性，以适应技术的变化。随着技术的不断进步，对于新型无人机的出现及不同威胁手段的改变，防御体系需要能够及时调整布局，引入新型技术或更新新型设备。灵活性和可升级性意味着系统不仅能够应对当前的威胁，还具备持续有效应对新挑战的能力。

另外，需要注意的是，在低空无人机集群反制中，综合反制部署原则至关重要，直接影响到防御体系的有效性。以下将详细探讨综合反制部署的实施方法，包括区域差异性考虑、重点区域布局、综合考虑多种技术设备，以及运行成本与效益分析等方面。

（1）区域差异性考虑

在技术设备的布局中，充分考虑区域差异性是确保防御体系适应不同环境的重要步骤。不同地域的地形、气候、人口密度和交通状况等因素会影响无人机的活动方式和路径选择。因此，在设计技术设备的布局时，需要根据不同区域的特点进行个性化的设计。

在开放的平原地区，可以采用广域监测的技术设备，例如长程雷达和视觉感知设备，以覆盖较大的监测范围。而在山区或城市密集区域，可以考虑使用短程高分辨率的技术设备，例如相控阵雷达和红外传感器，以实现对目标的精准监测。这样对区域差异性的考虑能够使技术设备在各种复杂环境中发挥最大的效益。

（2）重点区域布局

重点区域布局是技术设备实施的重要方面，旨在保护关键设施周围、人口密集地区等重要区域。这些区域需要增加技术设备的密集度，以提高监测的密度和准确性。

对于关键设施周围，可以布置高精度的相控阵雷达和红外传感器，以便精准定位和跟踪潜在威胁。在人口密集地区，可以采用视觉感知设备和摄像头，以实现对目标的直观识别，避免对居民的影响。在敏感区域，可以采用多种技术设备的组合，形成多层次的防御结构，确保全面的监测和反制能力。

（3）综合考虑多种技术设备

在设计技术设备布局时，综合考虑多种技术设备是确保系统全面、准确感知潜在威胁的关键。不同的技术设备具有各自的优势和局限，因此，采用多种设备形成互补的监测手段，能够更好地应对具有不同威胁特征的场景。

相控阵雷达可以快速捕捉目标并提供高精度的定位信息。视觉感知设备和红外传感器可以提供目标的形状、颜色和热特征信息，实现对目标的精准识别。激光雷达和毫米波雷达等设备可以穿透恶劣天气，确保在各种环境条件下的持续监测。通过综合利用这些不同的技术设备，形成一个多层次、多维度的监测结构，实现系统对低空无人机集群威胁的全面、准确感知。

（4）运行成本与效益分析

技术设备的布局实施必须进行运行成本与效益分析，以确保系统的经济性和可持续性。这包括设备的采购成本、运行维护成本，以及人员培训成本等方面。

在运行成本方面，需要评估每种技术设备的维护费用、能耗、升级成本等。也要考虑设备的寿命和稳定性，以避免过于频繁地更换和维修。在效益方面，需要分析系统在各个方面的性能指标，包括监测准确性、响应速度，以及对不同威胁的适应能力等。这样的分析有助于确定系统的实际效益和价值。通过对运行成本与效益的全面分析，能够选择最适合实际需求的技术设备，并确保防御体系在长期运行中的经济性和高效性。

以上探讨的综合反制部署原则旨在建立一个全面、灵活、高效的防御体系。综合考虑多种因素，充分利用不同技术设备的优势，是确保系统成功应对低空无人机集群威胁的关键。

2.3.3 反制效能评估

反制效能评估即对反制措施的实际效果进行评估，以不断优化反制方案，确保综合反制技术的可持续发展和实战适用性。

1. 实时响应时间

在低空无人机集群反制中，实时响应时间是评估系统反制效能的一个至关重要的指标。这一指标直接关系到系统对潜在威胁的及时发现和迅速应对能力。实时响应时间是指系统从开始检测到潜在威胁，到采取有效反制措施结束的时间。这个时间间隔直接体现了系统的反应速度，对于防止潜在威胁造成损害至关重要。在低空无人机集群反制中，无人机可能以高速飞行，因此，实时响应时间的缩短意味着系统更有可能成功拦截、击落或驱离潜在的无人机。实时响应时间受多种因素的影响，了解并优化这些因素对于提高反制效能至关重要。

感知系统的响应速度是影响实时响应时间的关键因素之一。具体包括雷达、相控阵雷达、视觉感知设备等在内的感知系统要能够迅速、准确地探测和识别无人机目标。高速、高灵敏度的感知系统能够较早地发现潜在威胁,从而缩短整个反制过程的时间。

实时响应时间还受到数据传输和处理速度的制约。感知到潜在威胁后,系统需要将信息传输至决策中心,并进行快速数据处理和分析,以制定最有效的反制方案。高速、高效的数据传输和处理系统是保障实时响应时间满足反制要求的关键。在感知到潜在威胁并完成数据处理后,系统需要迅速做出决策并发出指令。决策和指挥的效率直接关系到实时响应时间的长短。建立清晰、高效的指挥结构和决策流程,确保信息能够快速传递和执行,是缩短实时响应时间的关键。另外,实时响应时间还取决于所采取的具体反制手段的性能和速度。例如拥有高速火力打击系统的反制系统可以快速击落目标。因此,在设计反制系统时,需要充分考虑反制手段的性能和速度,以确保在实际操作中能够在最短时间内生效。

总体而言,实时响应时间在低空无人机集群反制中是一项至关重要的指标。通过综合考虑感知系统、数据传输和处理、决策与指挥效率,以及反制手段的性能,优化系统实时响应时间,提高整体的反制效能,实现对潜在威胁的有效应对。

2. 成功率评估

低空无人机集群反制的有效性直接取决于系统反制的成功率,即系统在面对潜在威胁时成功拦截、击落或者驱离的次数与威胁事件发生次数的比例。成功率是评估反制效能的一个关键性能指标,反映了系统的整体性能和反制能力。在成功率评估中,需要综合考虑多种因素,包括反制手段的性能、目标识别的准确性、实时响应时间,以及环境因素等。

成功率评估是指系统对潜在威胁采取反制措施后实际达成目标的比例。在低空无人机集群反制中,这包括成功拦截目标、成功击落无人机或者成功将其驱离的情况。这一性能指标是对系统整体性能的直接衡量,同时也是系统改进和优化的关键指标。一个较高成功率的系统能够有效保护关键设施和人员安全,因此,成功率评估在整个反制体系中占有重要地位。模拟与实际演练是提高成功率的关键手段之一。通过定期进行系统模拟和实际演练,不断优化工作流程、提高操作人员的熟练程度,从而实现反制系统在实际情况中的迅速、准确反应,提高反制成功率。综合考虑环境因素也是提高成功率的关键。在系统设计和运行中，需要充分考虑各种环境条件，选择相应的技术设备，确保系统在不同情况下都能保持高效运行，进而提高成功率。

3. 改进与优化

在低空无人机集群反制领域，系统设计是否成功直接关系到关键设施和人员的安全。因此，持续改进和在线优化反制效能评估成为确保系统高效运行的重要环节。这一过程需要系统不仅设立明确的性能指标，监测实际成功率，还需要及时采取相应的优化措施，以适应不断变化的各种威胁。

设立合理的性能指标是持续改进的基础。这些指标应涵盖多个方面，包括反制手段的效能、目标识别的准确性，以及实时响应时间等。明确的性能指标为系统提供了量化的衡量标准，使其能够全面评估自身的性能表现。这包括反制手段的性能、目标识别的准确性，以及实时响应时间等多个方面。通过设立这些指标，系统能够更全面地了解自身在不同方面的表现，为后续的改进提供方向。

对实际成功率进行持续的监测和评估是系统优化的关键环节。通过实时监测系统对潜在威胁的应对情况，系统能够及时发现存在的问题和瓶颈。这种监测需要考虑多个因素，从技术设备的性能到操作流程的效率，确保系统在各个方面都能够达到预期的水平。实际成功率的监测和评估为反制系统提供了反馈，帮助反制系统了解在不同场景下的表现，并快速发现可能存在的改进点。

采取相应的在线优化措施是持续改进的实质。一旦监测和评估发现了潜在问题，需要迅速制订并执行相应的系统优化计划。具体包括技术设备的更新升级、操作流程的调整，以及加强人员培训等方面。这些措施应当针对性地解决问题，推动系统向更高效、更灵活的状态迈进。另外，需要全方位考虑优化措施的实施，确保改进不仅是局部性质的，而且是系统整体性能的提升。

持续改进与在线优化反制效能评估的方法有助于确保系统能够在不断变化的低空无人机集群威胁环境中保持较高的成功率，保护关键设施和人员安全。这一过程是动态的，需要系统不断适应新的威胁和技术挑战。通过不断改进，系统能够更灵活地应对不同情境，提高自身在复杂环境中的应对能力。

持续改进与在线优化反制效能评估是对系统性能追求卓越的不懈努力。设立明确的性能指标、实时监测和评估成功率，以及采取有针对性的优化措施，确保系统在面对低空无人机集群威胁时始终保持高效、可持续的反制能力。

2.4 低空无人机集群反制技术特点

2.4.1 侦测多元化

目标侦测是商业、民用和科研等领域中至关重要的任务，尤其是在低空无人机集群反制领域，准确侦测目标是保障安全的第一步。本节将详细探讨目标侦测的各种手段，以及它们的分类和特点。

1. 雷达

雷达包括有源雷达和无源雷达两种。下面我们对两种雷达的工作原理及其优缺点进行详细说明与分析。

我们将重点阐述有源雷达中的有源相控阵雷达。有源相控阵雷达的每个辐射器都配装有一个发射和接收组件，每个组件都能自己产生、接收电磁波，因此，在频宽、信号处理和冗度设计上都比无源相控阵雷达具有更大的优势。正因如此，有源相控阵雷达的造价昂贵，工程化难度较大，但有源相控阵雷达在功能上具有独特优势，大有取代无源相控阵雷达的趋势。最为典型的有源相控阵雷达就是英国研发的反无人机系统，其探测距离可达到 10 km。但有源雷达同样有一个缺点，即遇到恶劣天气，发射的波段容易被雨雾大量消耗，因而无法正常探测。有源相控阵雷达示例如图 2-5 所示。

无源雷达采用全方位无感探测，探测过程中不对外发射任何无线电波。无源雷达发现微型无人机后可根据实际需求，自动或者手动开启全频段反制，可以对目前市场上 98% 的微型无人机造成干扰，使其无法正常起飞。相较于有源雷达，无源雷达对民用消费级微型无人机的探测效果更好，另外，不会影响目标周围已有的电磁环境，尤其适用于机场及其他一些公共场合。无源雷达示例如图 2-6 所示。

无源多功能监视雷达以探测地面及低空目标为主，通过接收目标反射的非协同式辐射源的电磁信号来探测目标，具有良好的抗干扰能力与杂波抑制能力，可以根

图 2-5　有源相控阵雷达示例　　　　　图 2-6　无源雷达示例

据不同任务需求提升探测性能，多种方位扫描模式也可灵活设置。整个设备结构紧凑，便于快速架设，操作简便，适用于城市重点监视区域，尤其适用于无人机等"低慢小"目标的全天候探测和监视。

2. 光学传感器

光学传感器是一种使用光学技术来侦测目标的装置，包括红外摄像头、可见光摄像头，以及光学望远镜等。这些传感器能够捕捉目标发出的可见光和红外辐射，并将其转化为电信号进行分析。光学传感器在夜间和白天均有不同用处，与雷达不同，光学传感器不依赖于主动发射信号，在夜晚和白天均能够工作。

可见光摄像头能够采集高分辨率的图像，允许操作员进行目标识别和特性分析。红外摄像头能够侦测目标发出的热量，适用于夜间和光线条件不好的侦测情况。

光学传感器通常与其他传感器相结合，以提供全面的目标信息。例如雷达和红外传感器的组合可在各种环境条件下对目标进行精准识别。

3. 无线电频谱监测

无线电频谱监测是通过监测目标的无线通信信号来进行侦测和识别的技术。这种方法通常用于侦测无人机或其他通信设备。无线电频谱监测可以通过监测目标的通信频率和协议，确定目标类型和其通信行为。与传统的物理传感器不同，无线电频谱监测的一大优势在于可以在不与目标接触的情况下进行工作，因此，其具有更加隐蔽的性能。目标的通信信号具有独有的特征，因此，无线电频谱监测也可以用于目标的指纹识别。

在军事和民用领域中，这种技术对于侦测潜在威胁的通信或非法通信非常有用，可以帮助用户确定通信设备的类型和活动。

4. 声音传感器

声音传感器是一种用于侦测目标发出的声音信号的技术。在低空无人机集群反制中，这对于确定目标类型和位置非常有用。声音传感器能够识别无人机和其他飞行器的发动机声音独有的特征。利用这些特征可以实现对目标类型的确定。通过多个声音传感器的网络，可以确定目标的位置和移动方向。最重要的是，声音传感器不需要视觉线路，对于在障碍物遮挡或低光条件下的侦测有出色的效果。

声音传感器通常与其他传感器结合使用，以提供全面的目标侦测信息。这种多模态信息融合可以提高侦测的准确性和鲁棒性。

目标侦测是低空无人机集群反制的核心环节，而不同的目标侦测手段具有各自的特点和适用情景。雷达技术提供了远距离探测的能力，光电传感器在夜间和白天均有较好的效果，无线电频谱监测可用于通信设备的侦测，而声音传感器能够识别目标的声音特征。多模态信息融合技术允许将不同传感器的信息集成，以提高侦测的准确性和鲁棒性。在低空无人机集群反制中，根据具体情境和需求选择合适的目标侦测手段至关重要。

2.4.2 察打一体化

在低空无人机集群反制技术中，察打一体化是一项关键的技术特点，其核心概念是将目标的侦测、分析和打击等功能整合在一个协同操作的系统中，以实现对低空无人机集群的全方位管理和应对。这一综合性的方法旨在提高系统的反制效能和响应速度，确保对威胁做出迅速且准确的反应。

在察打一体化的框架下，系统不仅能够感知目标的存在，还能够对目标进行实时分析和评估，最终采取相应的反制措施。察打一体化在低空无人机集群反制技术中的具体说明如下。

1. 全方位感知

察打一体化系统通过多源化的数据采集手段，包括传感器、雷达、光学设备等，全方位感知低空无人机集群的目标。全方位感知确保了系统对目标的准确侦测和及时跟踪。

2. 实时目标分析

一旦侦测到目标，系统就能对目标进行实时分析，具体包括目标的识别、分类，以及意图的分析。通过对目标进行深入分析，系统能够快速了解威胁程度并尝试采取对应措施。

3. 快速反制决策

基于实时的目标分析，系统能够迅速做出反制决策。这可能包括选择最合适的干扰手段、采取阻断措施，或者进行其他形式的反制。决策的快速和较高的准确性是察打一体化系统的关键优势。

4. 持续跟踪与调整

察打一体化系统在采取反制措施后，持续跟踪目标的状态变化，并根据需要调整反制策略。这种持续性的监控确保了系统能够应对目标可能的变化和对抗措施。

5. 信息共享与协同作战

察打一体化要求系统内部各个模块之间可以进行高度协同工作，从而实现信息的共享和传递。这种协同作战的方式确保了系统各个部分的一体化运作，从而提高了系统整体的反制效能。

总体而言，察打一体化是低空无人机集群反制技术中的一项关键技术特点，它通过将侦测和打击能力整合在一个协同操作系统中，提高了系统的感知、分析和反制效能，使其更适应复杂多变的战场环境。

2.4.3 反制多元化

在面对低空无人机集群威胁时，反制多元化成为一种关键策略，以应对不同类型的无人机威胁和各种战术情境。反制多元化的核心特点之一是反制手段的多样性。这意味着反制方不依赖于单一的反制方法，而是采用多种不同类型的反制手段，例如电子干扰、物理拦截、网络攻击和拦截，以及武力行动。这种多元化的反制手段使反制方能够根据不同威胁的特点和情境选择最合适的反制方式。

反制多元化的核心特点是综合应用，即根据情境的复杂性，反制方可以同时采用多种反制手段来提高反制效果，例如组合电子干扰和物理拦截以增加成功拦截无人机的机会。综合应用还可以包括协同工作，不仅在反制手段之间，还在不同反制方之间，共同应对无人机集群威胁。

反制多元化的另一个关键特点是考虑实施的可行性。这意味着反制方需要评估每种反制手段的资源需求、成本和技术可行性。例如某些反制手段可能比其他手段更易实施，因此，反制方需要根据可用资源和技术来制定决策。

时效性和实时性是反制多元化的重要特点之一。在面对无人机威胁时，反制方需要迅速制定反制决策和采取反制措施，以确保反制系统能够及时应对各种威胁。

反制多元化的优势在于它能够适应不同威胁，提高反制效能，降低单点故障风险，加强实时响应能力，并确保安全。

2.4.4　装备轻量化

在低空无人机集群反制技术中，装备轻量化是关键的技术特点之一。为了有效应对异质化的低空无人机集群威胁，轻量化的装备在反制系统中被广泛使用。装备轻量化在实际应用中的特点体现在以下几个方面。

1. 较高的便携性

反制系统的组件和设备经过精心设计，以确保整套系统具备较高的便携性。这使反制系统在各种战场环境中能够迅速部署和撤离，提高了反制效率。

2. 较强的灵活性

装备轻量化的设计使系统具备较强的灵活性，能够适应不同的战术和地形。这种灵活性有助于反制系统在复杂多样的作战场景中应对多种低空无人机集群威胁，确保系统在不同条件下能够高效运行。

3. 降低对基础设施的依赖

装备轻量化的特点，使系统降低了对大型基础设施的依赖，使反制技术更具自主性。这一特点在快速移动的特殊行动中尤为重要，有助于降低后勤负担，提高作战灵活性。

4. 提高机动性

装备轻量化的设计使反制装备更易于集成到不同平台上，包括车辆、飞行器等。这提高了反制系统的机动性，使其能够更灵活地追踪和对抗低空无人机集群，为作战指挥提供多种战术选择。

在整个反制技术体系中，装备轻量化的特点有助于提高系统的部署效率、适应性和机动性，从而更好地应对低空无人机集群的威胁。

2.4.5 系统智能化

低空无人机集群反制技术的核心之一是系统智能化，这是通过引入先进的人工智能技术，实现对低空无人机集群的智能感知、智能分析与决策，具备更高的自主决策水平和适应能力。

其中，智能感知不仅包括传统的雷达探测技术，还结合了图像识别、目标检测、声纹识别技术等多模态信息处理技术，提高了对目标的全面感知能力。智能分析与决策是通过深度学习、强化学习等技术，通过不断积累经验和数据，实现对不同类型的低空无人机集群的精准辨识，还可以根据感知到的信息自主制定反制策略，适应不同的作战环境。

系统智能化的重要特征是系统探测与反制单元的高效协同，即多个子系统之间能够信息共享、协同工作，共同应对复杂多变的低空无人机集群威胁。同时，智能系统在决策制定和反制任务执行的过程中，注重与人类操作员实现有效协同，满足混合智能增强的人机协同、数据与知识双驱动的智能化需求。

总体而言，系统智能化是低空无人机集群反制技术的一个重要特征，其引入的智能决策、学习和协同机制增强了反制系统对复杂多变的战场环境的适应能力，提高了执行反制任务的成功率。

2.4.6 效能评估体系化

反制效能评估要素和量化指标在低空无人机集群反制中具有关键意义，是用于测量和评估反制效果的基本工具。

首先，侦测准确性是一个至关重要的评估指标。反制系统必须能够准确识别，并可即时追踪到低空无人机集群。侦测准确性是反制行动的关键，直接会影响反制能不能成功。反制响应时间是另一个重要指标，衡量了从侦测目标到实际反制的时间。在应对快速移动的无人机等威胁时，及时反制至关重要，因此，反制响应时间必须被最小化。

目标摧毁率是用于评估反制成功的指标，反映了反制行动的实际效果，即是否成功摧毁或中断了敌对目标的任务，这是反制系统的最终目标之一。因此，目标摧毁率需要被定量化和监测。

资源利用效率是考察反制系统资源投入与反制效果之间的关系。反制行动通常需要大量资源，包括金钱、人力和装备。通过对资源的有效整合，可以实现反制效果的最大化。

对抗多样性考察的是反制系统对各种类型的低空无人机集群的适应性。这包括不同大小、速度和通信方式的集群目标。反制系统必须具备对不同类型的威胁具有较强的适应性。

反制效果持续性是指反制行动的持续时间，是在面对长时间威胁时的关键考量指标。反制系统必须能够维持长时间的反制，以维护保护区域的安全。

误报率是另一个重要指标，用于评估反制系统误报的频率。减少误报有助于降低反制系统的运行成本，同时减轻了反制系统的负担。

这些要素和指标的定义，以及其权重可能因特定情境而异，但都在提供一种客观的方式评估反制效果，并为反制策略的改进提供数据支持。通过对实际反制效果的评估，反制系统能够不断提高自身性能，保障特定领域或设施的安全。这些要素和指标是持续保障反制系统有效性的关键因素，对于应对低空无人机集群的威胁至关重要。

2.5 小结

本章概述了低空无人机集群反制的基本内容,着重探讨了低空无人机集群的特点、低空安防挑战、低空反制基本内涵,以及反制技术特点4个方面内容。从物理、网络和控制 3 个关键层面深入剖析了低空无人机集群的特点,揭示了低空无人机集群在飞行控制结构、集群组网特性和协同作战方面的主要特征。根据低空无人机集群的特点,从集群异质化、通信扰动多样化、协同控制复杂化、智能决策自主化等角度讨论了低空无人机集群所带来的安防挑战,阐明了低空安防中的关键技术难点。聚焦低空无人机集群反制的态势感知、综合反制规划,以及反制效能评估等核心内涵,分析了低空无人机集群反制的关键要素,为该领域的发展和创新提供了理论基础。低空无人机集群反制技术在侦测、打击、反制手段、装备设计、智能化,以及效能评估等方面呈现多元化、一体化、轻量化、智能化和体系化的特点。这些特点使反制技术能够对无人机集群进行全面、高效的反制,能够快速适应不同的威胁情境,为低空安防提供了强有力的技术支持。

2.6 课后习题

1. 请简述低空无人机集群的特点。

2. 请简述低空无人机集群面临的安防挑战。

3. 请简述低空无人机集群的基本内涵。

4. 请简述低空无人机集群反制技术的特点。

第3章 面向低空无人机集群的态势感知与推演技术

　　研究面向低空无人机集群的态势感知与推演技术对于现代军事和民用领域的安全保障具有深远的意义。在军事层面，这项研究有助于提升军队对于低空无人机集群的监测识别能力，从而增强国家的军事防御作战效能。通过有效的态势感知与推演，军方能更精准地判断友敌，防范潜在威胁，提高军事行动的灵活性和成功率。在安全领域，该研究有助于加强边境监控，提高对非法入侵等潜在威胁的应对能力。另外，对低空无人机集群的态势感知与推演技术也在民用领域具有广泛应用，例如城市规划、交通管理和应急响应等场景。总体而言，这一研究方向的深入推进为维护国家安全、促进社会发展提供重要支撑，推动相关技术在实际应用中取得显著成果。

　　本章将围绕低空无人机集群的态势感知与推演技术，开展低空无人机集群目标侦测、低空无人机集群目标的多模态信息融合、低空无人机集群目标检测与定位跟踪、低空无人机集群目标的意图识别和低空无人机集群目标的威胁度评估这 5 个方面的研究。

3.1 低空无人机集群目标侦测

目标侦测在临地安防领域是一项具有重要意义的任务,涉及图像或视频中目标物体的自动检测和定位,以及目标边界框或像素级别的分割。其应用不仅可以为军队提供情报侦察和目标确认功能,同时还可以为作战监控和防御反制等方面提供技术支持,提高战场上的战术指挥水平,提高行动的成功率。其中,低空无人机集群目标侦测手段可以分为传统侦测和新兴侦测两大类。

3.1.1 传统侦测

1. 雷达探测

雷达探测是目前应用范围最广的探测技术,主要通过运动目标频率的多普勒效应来获取距离、速度、形状和尺寸等信息。现有的雷达系统大多是为高速目标设计的,进行低空无人机集群探测面临以下难题:飞行高度低,存在强地海杂波干扰;飞行速度低,目标回波多普勒频率低;回波存在多径效应,出现目标探测盲区;与鸟类飞行的高度相似,容易造成误报等。雷达探测示例如图 3-1 所示。

图 3-1 雷达探测示例

2. 光电探测

光电探测在采集图像信息的基础上，通过图像处理技术实现目标的探测识别。光电探测根据探测原理的不同可分为红外探测、可见光探测和激光探测 3 种。其中，红外探测是从目标与周围背景红外辐射的差异获取目标信息，完成搜索、识别和跟踪任务；可见光探测通常采用视觉的方法对目标的视频图像进行分析和处理，从而完成目标的定位和识别；激光探测和雷达探测类似，二者均通过对回波脉冲的分析提取目标信息，不同之处在于，激光探测采用更高频率的发射波，使接收端能够轻易分离出干扰杂波。光电探测如图 3–2 所示。

图 3–2　光电探测

3. 无线电探测

无线电探测又称为频谱侦测，是在监测分析飞行器通信信号的频谱和功率谱显著特征的基础上，采用到达时间差（Time Difference Of Arrival，TDOA）法、数字波束形成（Digital Beam Forming，DBF）技术定位飞行目标。其中，到达时间差法是最常用的飞行目标定位方法，可以在没有传感器校准、没有接收波形详细信息的情况下使用，而且在强背景噪声和较远距离下具有较稳定的应用；数字波束形成技术采用圆形阵列天线进行全方位扫描，单个圆形阵列对空间谱函数进行谱峰搜索可以实现对飞行器方向的估计，多个圆形阵列组合可以实现飞行目标的精准定位。无线电探测示例如图 3–3 所示。

4. 声波探测

声学方法能够探测和识别无人机，为了实现对无人机的侦测，采用声传感器阵列采集无人机旋翼的声信号，对其声学特征进行提取和分类。目前的方法依赖于单

图3-3　无线电探测示例

个或有限数量的传感器,以及基本到达方向估计算法,难以对无人机进行精准、明确的检测和定位,特别是在多架无人机同时出现的情况下,该问题可以通过部署更多的话筒来解决,提高从特定方向提取声音的能力,从而更好地识别威胁。另外,相较于雷达、射频设备和照相机等声音传感器,话筒的成本较低。声波探测示例如图3-4所示。

图3-4　声波探测示例

3.1.2　新兴侦测

1. 数据链路侦测

数据链路侦测的相关方法使用的是无人机与飞行员或地面站之间的数据链路,目前的小型民用无人机一般使用的是 Wi-Fi,或特高频(Ultra High Frequency, UHF)

无线电通信。由于一些厂家制造的无人机采用的是加密的通信协议,所以该方法侦测时会失效。另外,在无人机遵循预定 GPS 路径自主飞行的情况下,不需要任何控制或数据链路,此时该方法同样不适用。数据链路探测如图 3–5 所示。

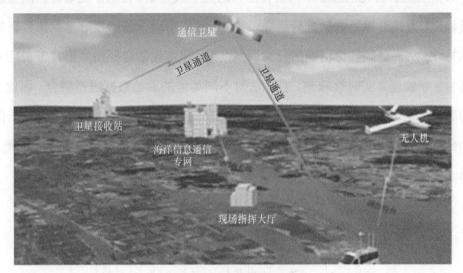

图 3–5 数据链路探测

2. 融合侦测技术

融合侦测技术是一种使用以上描述的雷达侦测、光电探测、无线电探测、声波探测,以及数据链路侦测方法中,超过一种方法的侦测手段。这种技术的优点是,不同种类技术可以结合彼此优势,实现无人机侦测系统综合性能的显著提升。

3.2 低空无人机集群目标的多模态信息融合

低空无人机集群目标的多模态信息融合技术包括多模态信息融合体系架构和多模态信息融合算法。其中,多模态信息融合体系架构是指将处理后的数据进行融合的过程,具体包括数据层、特征层和决策层 3 个层面。多模态信息融合算法包括加权平均法、贝叶斯方法、卡尔曼滤波、DS(Dempster/Shafer,这是两个人的名字)证据理论[1],以及深度学习方法等。

---

1. DS 证据理论是 Dempster 于 1967 年首先提出,由他的学生 Shafer 于 1976 年进一步发展起来的一种不精确推理理论。

3.2.1 多模态信息融合体系架构

1. 数据层融合

数据层融合首先汇总多个来自传感器的独立数据集,再从中提取特征向量进行分类识别。直接对原始数据进行融合,决定了数据层融合能够很好地保留数据集的原始特性,从而得到较为精确的分类识别结果。但直接融合原始数据将带来巨大的运算量,导致运算实时性较差,且无法对不同类型的原始数据进行融合。因此,数据层融合方法只能在两个或数个同类型传感器之间使用,融合思想相对单一,但与单个传感器探测相比,在检测性能上已经有了很大提升。数据层融合示意如图 3–6 所示。

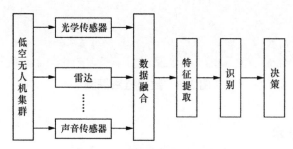

图 3–6 数据层融合示意

2. 特征层融合

特征层融合首先对多个来自传感器的独立数据集分别进行特征提取,再将提取出的特征向量进行融合,用于分类识别。与数据层融合相比,特征层融合最大的优点是在特征提取的过程中实现了冗余剔除,极大地提升了算法的处理速度。特征层融合是目前融合探测领域中最热门的研究方向,尤其是红外图像间特征融合、雷达与光电特征融合、红外与可见光特征融合。特征层融合示意如图 3–7 所示。

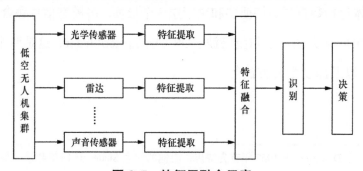

图 3–7 特征层融合示意

3. 决策层融合

在决策层融合中，各部分传感器被视为独立的个体，分别对不同模态的数据进行目标的特征提取和分类识别，最后将各分类器的输出结果进行融合。决策层融合需要使用相应的模型对不相同的模态进行训练，再对这些模型输出的结果进行融合。与之前的早期融合相比，决策层融合不仅可以处理简单的数据异步性，而且可以对每种单一模态采取适用的分析方法。决策层融合示意如图 3–8 所示。

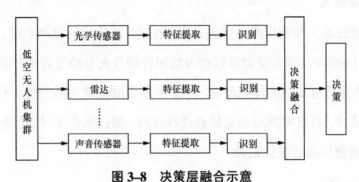

图 3–8　决策层融合示意

3.2.2　多模态信息融合算法

多模态信息融合算法是感知融合领域的核心内容。通过对多源数据在不同层次进行融合处理，可以获得目标的高精度描述。目前，主流的融合算法有加权平均法、贝叶斯方法、卡尔曼滤波、DS 证据理论和深度学习方法。这些算法有不同的适用环境及各自的优缺点，具体描述如下。

1. 加权平均法

加权平均法比较简单、直观，是将多个传感器独立探测的数据，乘以相应的权值，然后累加求和并取平均值，将其结果作为融合结果。该方法不仅容易实现，而且实时性较好。但是其权值的分配和取值有一定的主观性，且方法过于简单，融合效果不够稳定，实用性较差。

2. 贝叶斯方法

这种方法基于先验概率，并不断结合新的数据信息得到新的概率，其计算公式如下。

$$P(A_i|B) = \frac{P(B|A_i)P(A_i)}{\sum\limits_{i=1}^{n} P(B|A_i)P(A_i)} \qquad \text{式 (3-1)}$$

其中，$P(A_i)$ 为事件 A_i 发生的概率，$P(B|A_i)$ 为事件 A_i 发生的前提下事件 B 发生的概率，$\sum\limits_{i=1}^{n} P(B|A_i)P(A_i)$ 表示所有可能的完全事件 A_i 发生的前提下事件 B 发生的概率，即 $P(B)$。

3. 卡尔曼滤波

卡尔曼滤波是一种利用线性状态方程，通过系统输入的观测数据，对系统状态进行最优估计的算法。卡尔曼滤波这种方法能合理且充分地处理多种差异很大的传感器信息，并能适应复杂多样的环境。基于卡尔曼滤波的递推特性，不仅可以对当前状态进行估计，而且可以对未来状态进行预测，通过状态估计、状态预测的不断迭代实现对被测状态的最优估计。

4. DS 证据理论

DS 证据理论是基于贝叶斯方法，首先通过构造 1 个不确定性推理模型，将命题的不确定性转化为集合的不确定性。其最大特点是将"区间"转化为"点"，用"点估计"的方法描述不确定信息。其算法最大的特点是灵活度较高。

5. 深度学习方法

深度学习方法的底层原理是基于现代神经科学，由大量模拟人类神经的基本处理单元组成，因此，深度学习模型又称为深度学习网络。在训练阶段，网络的输入参数是传感器的原始数据，网络输出与人为标注的真值之间的误差以方向梯度传递的方式更新网络参数，通过大量数据、多次迭代训练以优化网络参数，进而消除非目标参数的干扰，完成相应的智能任务。深度学习模型具有较强的容错能力与自适应能力，且能够模拟复杂的非线性映射关系。例如深度学习中的卷积神经网络可基于摄像头图片进行目标检测，进而得到目标的运动、位置特征信息。在低空无人机集群中存在大量不确定信息，例如多传感器数据及其噪声、目标的突发状况，对这些不确定信息的融合过程等同于不确定性的推理过程。而深度学习网络可以通过获取的传感器信息，迭代优化网络权值，获得不确定推理机制，因此，可以使用深度学习方法进行数据融合。

现代战争形态呈现跨域化、立体化、协同化特征，低空安防体系能够更好地适应新的战场形态，提高军事行动的效率。

目标检测与定位跟踪技术在临地安防中具有重要意义，可以帮助用户及时发现、识别和跟踪对方目标，提供关键情报和战术支持。在目标检测中，算法被设计用于自动识别敌方装备、车辆、人员等目标。通过分析图像和视频数据，可以检测出对方目标的位置、大小、形状等特征信息，从而提供实时的战场情报。该技术可以大大提高对方目标的发现速度和准确性，有助于军事部队主动掌握战场态势，采取更加灵活和有效的行动。定位跟踪技术用于追踪已检测到的目标，并预测其未来的位置和行动，实现定位跟踪、实时监测和跟踪对方目标，详细分析目标在时间和空间上的连续变化，以便更好地理解对方的行动意图并制定应对策略。通过结合传感器数据、运动模型和滤波方法，可以实现对目标的持续跟踪，并提供高精度的位置和速度信息，支持目标的打击和相应的防御决策。这些技术通过自动化和智能化的方式，增强了用户对目标的感知能力，并使其能够更好地应对复杂的作战环境及多变的敌方威胁，提高用户的作战效能。

3.3.1　目标检测技术

在目标侦测领域，有多种技术用于探测不同类型的目标。其中，视觉目标探测技术利用图像或视频来识别与追踪目标物体。雷达探测技术使用电磁波来测量目标的位置、速度和其他属性信息。无线传感探测技术则利用传感器网络和通信技术来监测目标物体的存在与活动。声音探测技术则使用声音信号进行目标侦测和定位。这些不同的技术可以被应用于临地安防的各种场景，从安全监控到侦测打击等领域，为反制系统提供更多的侦测手段和分类能力。

1. 视觉目标探测技术

多尺度核相关滤波（Kernelized Correlation Filters，KCF）算法是在 2014 年，由 Henriques 等人提出的，其跟踪效果较好且计算速度较快。KCF 算法通过循环矩阵对目标周围区域进行密集采样，训练回归响应器。利用循环矩阵的特性进行傅里叶变换，将分类器的训练过程转换到频域中进行计算，将矩阵求逆运算转化为向量元素的点乘运算，极大地提高了运算速度。另外，KCF算法还使用高斯核函数方法将低维空间的非线性可分问题映射到高维空间使其线性可分，从而实现对非线性特征目标的跟踪。

KCF算法把跟踪问题抽象为一个线性回归模型的求解问题。假设代表目标图像的输入为 x_i，权重为 ω，输出为 $f(x_i)$，其计算方法如下。

$$f(x_i) = \omega^{\mathrm{T}} x_i \qquad \text{式 (3-2)}$$

KCF算法的本质，即为求解使样本 x_i 经分类器模型输出 $f(x_i)$ 和期望回归值的损失函数最小化的 x_i^*，其计算方法如下。

$$\min_{\omega} \sum_{i=1}^{N} (f(x_i) - y_i)^2 + \lambda \|\omega\|^2 \qquad \text{式 (3-3)}$$

其中，λ 为函数的正则化参数，其作用为避免分类器过拟合，保证分类器的泛化性能。y_i 为期望回归值的函数 f 最小化的 x_i^*。

式 (3-3) 的矩阵形式如下。

$$\min_{\omega} \sum_{i=1}^{N} \|X\omega - y\|^2 + \lambda \|\omega\|^2 \qquad \text{式 (3-4)}$$

其中，X 的第 i 行即为第 i 个样本 x_i，y 为列向量，它的第 i 行即为第 i 个样本的类别，对式 (3-4) 求导可得：

$$\omega = (X^{\mathrm{T}} X + \lambda I)^{-1} X^{\mathrm{T}} y \qquad \text{式 (3-5)}$$

将式 (3-5) 转化为复数域表示，具体形式如下。

$$\omega = (X^{\mathrm{H}} X + \lambda I)^{-1} X^{\mathrm{H}} y \qquad \text{式 (3-6)}$$

其中，X 是特征矩阵，I 是单位矩阵。KCF算法通过使用循环矩阵对式 (3-6) 进行简化求解，极大地提高了运算速度。循环矩阵具有如下性质。

通过离散傅里叶对矩阵进行对角化后，即可利用特征值求逆代替矩阵求逆运算，因此，可以应用离散傅里叶变换在频域内对式 (3-6) 进行求解，最后将所得的解通过傅里叶逆变换求得时域内的最大响应解 $y_{\max}$，从而提高运算速度。

2. 多目标跟踪探测技术

从卡尔曼滤波、非线性系统滤波，以及粒子滤波等经典跟踪算法到基于相关滤波方法，再到最近几年与深度学习相结合，一直以来，多目标跟踪探测技术的研究受到人们的广泛关注。雷达将接收到的信号进行距离、多普勒、方位角，以及俯仰角处理，实现目标的精确检测，形成点云数据[1]。

（1）卡曼尔滤波

卡尔曼滤波是在 20 世纪 60 年代初被提出的，是对系统状态进行最优估计的算法，利用线性系统状态方程和输入输出观测数据进行系统状态估计。卡尔曼滤波不要求信号和噪声都是平稳随机过程，在航空、自动驾驶、目标识别等领域都有广泛应用。

（2）多目标跟踪探测

① 最近邻数据关联算法

多目标跟踪探测的算法中，最简单的就是最近邻数据关联算法。这种算法简单易行，仅考虑在统计意义上与跟踪目标预测位置最近的观察数据。

对于已经建立的航迹 i，定义门限内所有的量测向量 j 在时刻 t_n 的距离为 d_{ij}^2，则其满足以下计算公式。

$$d_{ij}^2 = [z_j(n) - H_i(\hat{x}_n)]S_{ij}^{-1}(n)[z_j(n) - H_i(\hat{x}_n)]^{\mathrm{T}} \qquad \text{式 (3–7)}$$

其中，$z_j(n)$ 表示新观测值，H 为观测矩阵，S_{ij} 表示滤波器残差的协方差矩阵。跟踪目标的航迹在 t_{n-1} 时刻预测出下一时刻 t_n 的位置，以该位置为关联门中心，通过关联门限确立关联门，并判断出该关联门内的点迹数量，通过式 (3–7) 计算与预测值最接近的点迹，判断该点为这一时刻的有效点，并结合预测值对航迹 i 进行更新。

② 概率数据关联算法

概率数据关联算法认为门限内的所有点迹都可能源自目标，只是各个点迹源自目标的概率不同，计算出所有点迹源自该目标的概率并进行加权，然后更新航迹。目标在时刻 k 的关联门内有 m_k 个点迹，假设第 i 个点迹源自该目标的关联概率为

---

1. 点云数据是指一个三维坐标系统中的一组向量的集合。

$\beta_i(k)$，则目标在时刻 k 的状态估计如下。

$$\hat{x}(k|k) = \sum_{i=0}^{m_k} \beta_i(k)\hat{x}_i(k|k) \qquad \text{式 (3-8)}$$

其中，$\hat{x}_i(k|k)$ 表示第 i 个量测值的状态估计。需要说明的是 $(k|k)$ 中，竖线 | 前的 k 表示 k 时刻估计值，竖线 | 后的 k 表示 k 时刻真实观测值，竖线 | 在数学中表示条件。

为了计算关联概率 $\beta_i(k)$，现作如下假设。

跟踪门内的杂波测量服从均匀分布，真实量测值服从正态分布；每一时刻最多有一个真实测量值；噪声数据的概率质量函数模型是参数为 λv 的泊松分布。其中，v 为跟踪门体积，λ 为虚假测量空间的密度。通过上述假设可得关联概率如下。

$$\beta_i(k) = \frac{e_i(k)}{b(k) + \sum_{j=1}^{m_k} e_j(k)} \quad (i = 1, 2, \cdots, m_k) \qquad \text{式 (3-9)}$$

$$\beta_0(k) = \frac{b(k)}{b(k) + \sum_{j=1}^{m_k} e_j(k)} \qquad \text{式 (3-10)}$$

其中，$e_i(k)$ 是第 i 个候选点与目标的初始关联权重，$b(k)$ 是所有候选点未归一化关联概率的总和，用于归一化处理。

③ 联合概率数据关联算法

联合概率数据关联算法是一种非最优的，适合在密集环境中跟踪多目标的关联算法，是目前在杂波环境中跟踪多目标最有效的方法之一。联合概率数据关联与概率数据关联相似，但是联合概率数据关联的关联概率是由所有目标的所有观测值计算得到的。因此，联合概率数据关联算法综合考虑了多个可能的情况，并对这些可能的情况进行了组合。联合概率数据关联算法中，一个量测值只能来自一个目标，两个量测值在同一时刻不可能来自同一个目标，同一个目标的量测概率之和为 1，关联概率的计算方法如下。

$$\beta_{tj} = \sum_i P\{\theta_i|Z^k\}\hat{\omega}_{tj}(\theta) \qquad \text{式 (3-11)}$$

$$P\{\theta_i|Z^k\} = \frac{\lambda^\phi}{C^t} \prod_{p=1}^{N_p} \{N[v_p(k)]\}^{\tau_p} \prod_{t=1}^{N_t} (P_d)^{\delta_t}(1-P_d)^{1-\delta_t} \qquad \text{式 (3-12)}$$

其中，β_{tj} 表示目标 j 在当前时刻的联合概率数据关联概率；$P\{\theta_i|Z^k\}$ 表示在给定观测数据的情况下，假设目标 i 的存在概率；$\hat{\omega}_{tj}(\theta)$ 表示关联函数，用于描述目标 j 与假设状态 θ 的匹配程度。λ^ϕ 表示传感器的先验虚警概率；C^t 表示归一化常数；$N[v_\mathrm{p}(k)]$ 表示 k 时刻的观测噪声水平；τ_p 表示调节参数；P_d 表示传感器的检测概率；δ_t 是一个二值变量，如果目标在该时刻被检测到，该值则为 1，如果目标在该时刻未被检测到，则为 0。

联合概率数据关联算法需要明确的机制进行轨迹初始化，不能新建或者移除观察区域以外的轨迹，在处理多目标时，计算量会随着目标数量的增长呈指数增长。

3. 无线传感目标探测技术

（1）目标运动模型

跟踪问题的中心就是运动模型，因此，大量基于模型的滤波方法应用到各种跟踪问题中。一般情况下，常速（Constant Velocity，CV）模型用于描述弱机动及非机动的点目标状态，是一种最早的简单模型，经常用来分析跟踪算法的性能。在此模型下，目标的机动性看作零均值的高斯白噪声干扰，其状态转移方程为 $\Phi_{k(CV)}$。然而，当目标突然停住或者突然转弯时，继续选择该模型将使跟踪性能变差，有时还可能丢失目标。因此，在本章的自适应分布式目标定位跟踪系统研究中，加入了常数转弯（Constant Turn，CT）运动模型。其假定目标运动基于（近似）固定速率及（近似）固定转弯速率 Q 运动，状态转移方程由方程 $\Phi_{k(CT)}$ 描述。在某些先验转弯速率（近似）已知的场合，CT 模型表现出良好的跟踪性能。在此假定转弯速率 Q 是已知的，对于 CT 模型中转弯速率 Q 未知的情况将在以后进行研究，本处不再展开说明。CT 及 CV 模型描述的跟踪系统目标运动方程如下。

$$X_k = \Phi_k X_{k-1} + G_k w_k \qquad\qquad \text{式 (3–13)}$$

其中，G_k 表示噪声影响矩阵。当目标状态采用 CT 模型时，$X_{k(CT)} = [x, v_x, y, v_y, \Omega]^\mathrm{T}$，该式包含位置、速度、转弯率，$w_k \sim N(0, Q_k)$ 表示过程噪声。

（2）传感器模型

当目标进入监控区域时，分布的传感器节点将探测到来自目标的多种信号。下面将分别考虑两种传感模型：第一种为相对角度传感模型；第二种为声音能量传感模型。这两种模型分别用于不同的应用场景。

① 相对角度传感模型：在 k 时刻第 i 个节点探测到的与运动目标的相对角度表示如下。

$$\theta_k^i = \tan^{-1}\left(\frac{y_k - y_i}{x_k - x_i}\right) + n_k \qquad \text{式 (3-14)}$$

其中，$(x_k, y_k)^T$ 表示 k 时刻目标位置，$(x_i, y_i)^T$ 表示第 i 个传感器的位置，n_k 表示测量噪声。

② 声音能量传感模型：在 k 时刻第 i 个节点探测到的声音能量表示如下。

$$z_k^i = \gamma_i \frac{S_k}{\|L_k - L_i\|^\alpha} + m_k \qquad \text{式 (3-15)}$$

其中，γ_i 表示不同探测节点 i 的衰减系数，S_k 表示 k 时刻声波能量分布密度，L_k 表示 k 时刻声源位置，L_i 表示探测节点 i 位置信息，$\|L_k - L_i\|$ 表示探测节点 i 距离声源空间距离的平方，m_k 表示测量噪声。

（3）针对仅有角度测量的目标定位跟踪算法

无线传感器网络中被激活的头节点完成对目标的观测，用于跟踪目标，类似于传统机动观测机在多点完成对目标的测量。针对仅有角度测量的强非线性系统，如何提高滤波算法性能则是需要重点研究的问题。需要说明的是，在实际应用中，传感器节点能量及数据处理能力有限，当滤波算法较为复杂时，直接在传感器节点运行该算法并非合适的选择。

本节将从提高滤波算法性能的角度来研究目标跟踪问题。为了充分利用中心服务器能量不受限制、计算处理能力十分强大的优势，在中心服务器中，采用集中式处理方法来降低应用算法计算复杂度导致的传感器节点负载。通过中心服务器收集监控范围内传感器节点测量到的与目标的相对角度，采用滤波算法，得到目标的精确位置。这种算法应用到的粒子滤波器，采用的是网络融合中心（Sink 点）的集中式处理方式，这种方式具有以下优点。

①不必周期性地查询传感器网络中节点得到的目标位置信息，减少查询过程中的通信能量消耗。

②减少网络中节点汇报预估结果到融合中心的通信能量消耗。

③避免当前激活头节点到下一个选择的头节点之间状态转移所需的通信能量消耗。

本节采用平方根—中心差分卡尔曼滤波器算法作为分布滤波器，且该算法没有能量及计算能力的限制。融合中心运行的滤波算法将平方根—中心差分卡曼尔滤波器算法与分布滤波算法相结合，应用于仅有角度测量的目标检测系统。

其中，中心差分卡尔曼滤波算法借助于 Sterling（斯特林）插值公式，用多项式逼近非线性方程的导数，对非线性函数展开，考虑在二阶时得到如下逼近。

$$y = f(x) = f(\bar{x} + \delta_x) = f(\bar{x}) + \nabla f \delta_x + \frac{1}{2} \nabla^2 f \delta_x^2 \qquad \text{式 (3–16)}$$

在中心差分卡尔曼滤波（Central Differential Kalman Filter，CDKF）算法实现中，为了构造 Sigma 点集，每次时间更新都要计算状态协方差矩阵的平方根，从而导致计算开销增大。为了减少开销，提高计算效率，增强状态协方差矩阵更新等计算过程中的数值稳定性，导出了 CDKF 的平方根，即平方根—中心差分卡尔曼滤波（Square Root Central Differential Kalman Filter，SRCDKF）。其利用 3 种线性代数算法，即 QR（正交三角）分解、Cholesky（楚列斯基）因子更新和最小二乘法，并以 Cholesky 分解因数的形式直接传播，并更新状态协方差矩阵的平方根，从而减少计算开销，提高算法运行效率。

该算法实现的具体步骤及说明如下。

①初始化 $k = 0$

$$\hat{x}_0 = E[x_0] \qquad \text{式 (3–17)}$$

$$S_{x_0} = \sqrt{E[(x_0 - \hat{x}_0)(x_0 - \hat{x}_0)^{\mathrm{T}}]} \qquad \text{式 (3–18)}$$

②计算时间更新所需的 Sigma 点集

$$x_{k-1}^{a_v} = [\hat{x}_{k-1}^{a_v}, \hat{x}_{k-1}^{a_v} + hS_{k-1}^{a_v}, \hat{x}_{k-1}^{a_v} - hS_{k-1}^{a_v}] \qquad \text{式 (3–19)}$$

其中，$x_{k-1}^{av} = [\hat{x}_{k-1}, \bar{v}]$，$S_{k-1}^{av} = \text{diag}[S_{x_{k-1}}, S_v]$，$E[x_0]$ 是对初始状态 X_0 的数学期望。

在上述算法实现中，h 表示中心差分半步长度，决定 Sigma 点在先验均值周围的分布，对于过程噪声高斯先验分布而言，其最佳值为 $\sqrt{3}$；$S_v = \sqrt{R_v}$ 和 $S_n = \sqrt{R_n}$ 分别为过程噪声及测量噪声方差矩阵的平方根；$\sqrt{\cdot}$ 代表采用 Cholesky 分解对矩阵求平方根；$\hat{x}_{k-1}^{av}, \hat{x}_{k-1}^{an}$ 分别为时间更新步和测量更新步，$S_{k-1}^{av}, S_{k-1}^{an}$ 分别为时间更新步和测量更新步中带噪声的状态向量和方差矩阵。

4. 声音目标探测技术

（1）麦克风阵列结构设计

三维空间中的定位即是求解位置向量的 3 个分量。一维线阵仅能测得目标所在方向与该线阵所在直线的夹角，将目标锁定在某个圆锥面内，如果要同时得到目标的方位角和俯仰角，则至少需要二维阵列结构。在实际应用中，由于体积和数据传输速率的限制，总阵元个数应在 10 个左右，各维度阵元数为 3～5 个，阵列节点架构如图 3–9 所示。

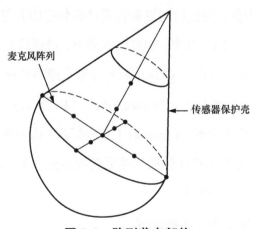

图 3–9　阵列节点架构

无人机的音频信号基频通常在 100～1000 Hz 内，依据半波长理论，阵元间距应该满足 $d < 0.17\,\text{m}$，以避免出现测向模糊的情况。另外，观察信号模型表示如下。

$$x_k = A(\varphi, \theta)s_n + V_k \qquad\qquad 式 (3\text{–}20)$$

其中，x_k 为第 k 时刻麦克风阵列声音探测器的观测值，S_n 表示第 n 时刻目标无人机声音的声波能量分布密度，V_k 表示测量噪声，$A(\varphi, \theta)$ 表示麦克风阵列结构和参数矩阵，φ 表示麦克风阵列调幅参数，θ 表示麦克风阵列调频参数。

空间谱估计的本质即为求解 $A(\varphi, \theta)$。如果不考虑噪声，则信号 x_k 为 $A(\varphi, \theta)$ 各列的线性组合。为保证解的唯一性，$A(\varphi, \theta)$ 各列应满足两两线性独立，即为满秩矩阵，该观测方程则为正定方程组。

（2）基于多重信号分类（Multiple Signal Classification，MUSIC）空间谱的目标检测

贝叶斯假设检验：在二元假设下，有两种可能的假设 H_0 和 H_1，分别对应观测空间上的两个可能概率分布 P_0 和 P_1。集合 Z_1 被称为拒绝区域（或临界区域），Z_0 被称为接受区域。决策规则 δ 可以看作一个关于 y 的函数，表示如下。

$$\delta(y) = \begin{cases} 1, & y \in Z_1 \\ 0, & y \in Z_0 \end{cases} \qquad \text{式 (3--21)}$$

假设现在有正数 C_{ij}，$i = 0, 1$，$j = 0, 1$，表示当 H_j 为真时，选择假设 H_i 所付出的代价。条件风险定义为：当假设成立时，决策规则 δ 产生的平均代价如下。

$$R_j(\delta) = C_{1j}P_j(Z_1) + C_{0j}P_j(Z_0) \quad (j = 0, 1) \qquad \text{式 (3--22)}$$

现在进一步假设，H_0 和 H_1 出现的概率分别为 Q_0 和 $Q_1(Q_1 = 1 - Q_0)$，Q_0 和 Q_1 被称为这两个假设的先验概率。对于给定的先验概率，平均风险定义为决策规则 δ 产生的总平均代价。

$$r(\delta) = Q_0 R_0(\delta) + Q_1 R_1(\delta) \qquad \text{式 (3--23)}$$

现在为 H_0 和 H_1 定义一个最优决策规则来最小化贝叶斯风险，这样的决策规则称为贝叶斯规则。

根据式 (3--22)、式 (3--23) 可以得到：

$$
\begin{aligned}
r(\delta) &= \sum_{j=0}^{1} Q_f[C_{0j}(1 - P_j(Z_1)) + C_{1j}P_j(Z_1)] \\
&= \sum_{j=0}^{1} Q_j C_{0j} + \sum_{j=0}^{1} Q_j(C_{1j} - C_{0j})P_j(Z_1) \qquad \text{式 (3--24)}
\end{aligned}
$$

假设当 $j = 0, 1$ 时，P_j 的概率密度为 p_j，则有：

$$r(\delta) = \sum_{j=0}^{1} Q_j C_{0j} + \int_{Z_1} \left[\sum_{j=0}^{1} Q_j (C_{1j} - C_{0j}) p_j(y) \right] \mathrm{d}y \qquad 式 (3-25)$$

如果令：

$$Z_1 = \left\{ y \in Z \,\middle|\, \sum_{j=0}^{1} Q_j (C_{1j} - C_{0j}) p_j(y) \leqslant 0 \right\}$$

$$= \{ y \in Z \mid Q_1 (C_{11} - C_{01}) p_1(y) \leqslant Q_0 (C_{00} - C_{10}) p_0(y) \} \qquad 式 (3-26)$$

则 $r(\delta)$ 可取得最小值。

其中，$L(y) = p_1(y)/p_0(y), y \in Z$ 被称为似然比。因此，可以根据 Y 的观测值计算似然比，然后将其与 τ 比较来做决策，即：

$$\delta_B(y) = \begin{cases} 1, & L(y) \geqslant \tau \\ 0, & L(y) < \tau \end{cases} \qquad 式 (3-27)$$

（3）基于贝叶斯假设检验的信号检测

信号的两种假设分别为 H_1 假设和 H_0 假设。其中，H_1 假设：存在目标；H_0 假设：不存在目标。当存在目标时，由于阵列信号的相关积累，其空间谱会形成谱峰，而不相关的噪声无法形成谱峰，所以可通过该谱峰的高度来检测附近是否存在目标。尝试用多种概率分布对 MUSIC 空间谱峰值的分布进行拟合，计算拟合结果与实际分布的均方误差，找到存在目标和不存在目标时拟合度最高的分布。得到各假设下待检测量 y 的分布后，根据第一节中介绍的信号检测理论，可以通过下式来确定最佳检测门限：

$$Z_1 = \{ y \in Z \mid p_1(y)/p_0(y) \geqslant \tau \} \qquad 式 (3-28)$$

其中，待检测量 y 为 MUSIC 空间谱峰值高度。

3.3.2　定位跟踪技术

本节主要介绍的是基于红外热遥感图像的目标定位跟踪技术。首先，针对目标检测中的低对比度、条带噪声，以及低空间分辨率影响检测率的问题，提出尺度自适应选择的分层多阈值检测方法。其次，针对白天近地目标与部分背景一样，其亮温值较高，但缺乏有效纹理结构，通过常规小波变换方法，检测效果不太理想，采用一种考虑目标形状特征的高阶统计量目标检测方法。最后，对目标与背景反差小、边缘不准确等使检测跑道不完整的问题，结合直觉模糊 C 均值法和区域生长法，辅助完整提取目标周围环境的信息[1]。

1. 尺度自适应分层多阈值目标检测

对热红外图像来说，检测与分割是难点问题。传统的热红外图像目标检测方法可分为基于统计的方法、基于灰度直方图的方法和基于边缘信息的方法等。热红外遥感图像受传感器、环境等多种因素的影响，存在信噪比低、目标与背景对比度低等问题，对目标的提取较困难。在无人机集群的目标检测中，环境复杂，目标尺度小，因此，上述方法均不太适用。本节根据尺度空间理论，通过自动尺度选择准则，利用尺度归一化的高斯拉普拉斯函数（Laplacian Of Gaussian, LOG）进行尺度选择，并考虑到热红外无人机目标尺度条件设定尺度参数，进行分层多阈值小目标检测。

（1）尺度选择理论与方法

二维信号 $f: R^2 \to R$ 表示原始信号，其尺度空间 $L: R^2 \times R_+ \to R$ 可表示为：

$$L(x,y;t) = \int_{(\xi,n)\in R^2} f(x-\xi, y-\eta)g(\xi,\eta;t)\mathrm{d}\xi\mathrm{d}\eta \qquad 式 (3\text{--}29)$$

其中，$g: R^2 \times R_+ \to R$ 表示核函数。由于高斯卷积核生成的尺度空间是目前较完善的尺度空间之一，所以应用高斯函数作为卷积核，表示为：

$$g(x,y;t) = \frac{1}{2\pi t}e^{-(x^2+y^2)/2t} \qquad 式 (3\text{--}30)$$

其中，核方差 $t = \sigma^2$ 为尺度参数，σ 表示高斯核的标准差。

本节选择 LOG 作为获取特征尺度的方法。该函数可以表示为：

$$|\mathrm{LOG}(x,\sigma_n)| = \sigma_n^2 |L_{xx}(x,\sigma_n) + L_{yy}(x,\sigma_n)| \qquad 式 (3\text{--}31)$$

其中，L_{xx} 和 L_{yy} 分别为 L 在 x 和 y 方向上的二阶导数，即：

$$L_{xx}(x,\sigma_n) = \left(\frac{1}{\sigma_n}\right)^2 \left(\frac{1}{4}[-1 \quad 1] \otimes [-1 \quad 1] \otimes L(x,y,\sigma_n)\right) \qquad 式 (3\text{--}32)$$

---

1. 马兰. 热红外遥感图像典型目标识别技术研究 [D]. 解放军信息工程大学，2017.

$$L_{yy}(x,\sigma_n) = \left(\frac{1}{\sigma_n}\right)^2 \left(\frac{1}{4}\begin{bmatrix}-1\\1\end{bmatrix} \otimes \begin{bmatrix}-1\\1\end{bmatrix} \otimes L(x,y,\sigma_n)\right) \qquad \text{式 (3–33)}$$

其中，σ_n 为一系列高斯核标准差，$\otimes$ 为求卷积运算。特征尺度可由 LOG 响应绝对值的极大值给出。

根据式 (3–32)、式 (3–33) 计算 σ_n 在 $[\sigma_{\min},\sigma_{\max}]$ 区间中的 LOG 响应函数，取模板图像中心点处的 LOG 函数值作为各尺度下的 LOG 响应值，以 LOG 响应极大值所对应的尺度为中心选取其相邻 6 个特征尺度，作为后续 6 个高斯差分图像的尺度因子。

（2）分层多阈值热红外小目标检测

① 按照尺度选择理论与方法生成模板图像的特征尺度，建立由低到高的 6 级高斯多尺度空间 $(I_1 - I_6)$。

② 建立高斯差分空间，定义差分图像下标为 $c \in \{1,2,3\}$，被差分图像下标为 $s = c + \delta$。其中，$\delta \in \{2,3\}$，则 6 幅差分图像定义如下。

$$L_1 = F_{1,3} = |I_1 - I_3| \qquad \text{式 (3–34)}$$

$$L_2 = F_{1,4} = |I_1 - I_4| \qquad \text{式 (3–35)}$$

$$L_3 = F_{2,4} = |I_2 - I_4| \qquad \text{式 (3–36)}$$

$$L_4 = F_{2,5} = |I_2 - I_5| \qquad \text{式 (3–37)}$$

$$L_5 = F_{3,5} = |I_3 - I_5| \qquad \text{式 (3–38)}$$

$$L_6 = F_{3,6} = |I_3 - I_6| \qquad \text{式 (3–39)}$$

③ 对差分图像 L 进行归一化处理，归一化后的图像为 NL_i，即：

$$NL_i(x,y) = [L_i(x,y) - d_{\min}]/(d_{\max} - d_{\min}) \qquad \text{式 (3–40)}$$

其中，$d_{\max}$ 和 $d_{\min}$ 是 L_i 中的最大像素值和最小像素值。

④ 多阈值筛选，将待检测热红外图像平均分为若干个区域，此处以 9 分块为例，$R_j(j = 1,\cdots,9)$，每个区域大小为 $M \times N$，分别计算每个区域的归一化标准差 $\sigma_{n,j}$。

$$\mu_j = \frac{1}{MN} \sum_{y=0}^{N-1} \sum_{x=0}^{M-1} R_j(x,y) \qquad\qquad 式 (3\text{--}41)$$

$$\sigma_j^2 = \frac{1}{MN} \sum_{y=0}^{N-1} \sum_{x=0}^{M-1} [R_j(x,y) - \mu_j] \qquad 式 (3\text{--}42)$$

$$\sigma_{n,j} = \sigma_j / 255 \qquad\qquad 式 (3\text{--}43)$$

根据以下准则可得到筛选后的阈值图像 $S_i(x,y)$。

$$S_i(x,y) = \begin{cases} 1, & NL_{i,j}(x,y) \geqslant \omega \sigma_{n,j} \\ 0, & 其他 \end{cases}, \ i = 1, \cdots, 6 \qquad 式 (3\text{--}44)$$

其中，ω 为权值。当分块数为 9 时，$j = 1, \cdots, 9$。将筛选后的阈值图像 S_i 相加得到最终检测后的图像，具体算法如下。

$$S(x,y) = \sum_{i=1}^{6} S_i(x,y) \qquad\qquad 式 (3\text{--}45)$$

2. 高阶统计量目标检测

（1）二维离散小波包变换

小波包变换方法的前提是假设低频分量比高频分量含有更多信息，而小波包变换方法可同时对低频和高频信号进行分解，使高频部分的分辨率较高。图像经过低频、水平、垂直，以及对角线 4 个方向的滤波变换后，每个分量还将继续分解。将图像进行 L 级小波包正变换，再对该级生成的小波包系数反变换，即可完全还原图像。

（2）高阶统计量及高斯判别准则

高阶统计量具备的重要性质：具备高斯信号二阶以上的统计量理论上为零，而非高斯信号二阶以上的统计量理论上不为零。因此，二阶以上统计量可在高斯噪声中检测出非高斯信号。计算随机过程 $\{x(n)\}$ 的偏斜度 S 和峰度 K，具体算法如下。

$$S = \frac{E[x^3(n)]}{\sigma_x^3} \qquad\qquad 式 (3\text{--}46)$$

$$K = \frac{E[x^4(n)]}{\sigma_x^4} - 3 \qquad\qquad 式 (3\text{--}47)$$

偏斜度 S 反映了一个信号分布偏离对称分布的程度，如果偏斜度等于零，则说明信号是高斯的；如果偏斜度不等于零，则说明信号是非高斯的。峰度 K 反映了信号分布的陡峭程度，当信号是高斯分布时，其峰度为零。由于高斯性的判断是一个归一化准则，所以选择了峰度建立该准则。由高阶统计量理论可得，将图像进行小波包正变换后，设第 i 个频带小波包系数矩阵为 c_i，则 c_i 的峰度 K_i 的估计值为：

$$\hat{K}_i = N \frac{\sum\limits_{j-1}^{N} c_{ij}^4}{\left(\sum\limits_{j-1}^{N} c_{ij}^2\right)^2} - 3 \qquad \text{式 (3–48)}$$

其中，N 是 c_i 的总长度。理论上，可通过峰度和 "0" 值进行比较来评判测量系数的高斯性。但是由于估计误差的存在，所以可以通过置信区间来评判，此处采用切比雪夫不等式：

$$P(|X - E(X)| < \varepsilon) \geqslant 1 - \frac{D(X)}{\varepsilon^2} \qquad \text{式 (3–49)}$$

其中，令 $1 - \frac{D(X)}{\varepsilon^2} = \alpha$，$\alpha$ 为置信度，则式 (3–49) 变为：

$$P\left(|X - E(X)| < \sqrt{\frac{D(X)}{1-\alpha}}\right) \geqslant \alpha \qquad \text{式 (3–50)}$$

由此可得：

$$P\left(|\hat{K} - E(\hat{K})| < \sqrt{\frac{D(\hat{K})}{1-\alpha}}\right) \geqslant \alpha \qquad \text{式 (3–51)}$$

假设小波包系数服从理想高斯分布，则有经验公式：

$$E(\hat{K}) = 0, D(\hat{K}) \approx \frac{24}{N} \qquad \text{式 (3–52)}$$

整理可得：

$$P\left(|\hat{K}| < \sqrt{\frac{24/N}{1-\alpha}}\right) \geqslant \alpha \qquad \text{式 (3–53)}$$

（3）基于小波包和高阶统计量的目标检测算法

建立以上高斯判别准则后，由 "分裂—合并过程" 依次合并（变成 1 个小波包系数）相邻 4 个具有同一父节点的高斯性频带，然后计算新系数的高斯特性，将高斯性系数和最低频带上的小波包系数都归零。此时，理论上去除了噪声和背景信息，再利用合并后的系数进行反变换。

具体检测算法描述如下。

① 将原始热红外图像进行 L 级小波包分解。

② 计算第 L 层各节点的峰度值，并按照合并准则进行合并。

③ 重复步骤 ②，直至所有层都合并。

④ 计算合并之后的所有树节点的峰度值，并按上述归零规则将高斯性和最低频带系数归零。

⑤ 小波包反变换生成图像。

⑥ 由于生成的目标图像灰度较低，所以采用以下阈值方法对目标图像进行分割，阈值选择的算法如下。

$$V = m + C\sigma \qquad\qquad 式 (3\text{–}54)$$

其中，m 和 σ 分别为图像的均值和标准差，C 为经验值常数。

3. 直觉模糊 C 均值和区域生长法目标检测

（1）模糊 C 均值（Fuzzy-C Means，FCM）聚类

模糊聚类通过模糊数学中的模糊集合，将样本属于某集合程度的隶属函数进行模糊量化，得到隶属度，实现样本的聚类。FCM 是模糊聚类的一种常用方法，FCM 用于图像像素聚类时，可达到图像分割的目的。

设聚类数为 C，x_k 是 n 个向量元素，隶属度 u_{ij} 为 x_j 属于第 i 个类的概率，v_i 是聚类中心，目标函数 J 为：

$$J = \sum_{i}^{C} \sum_{j}^{n} u_{ij}^{m} \mathrm{d}^2(x_k, v_i) \qquad\qquad 式 (3\text{–}55)$$

其中，$\sum_{i=1}^{c} u_{ij} = 1$，$0 < \sum_{i=1}^{c} u_{ij} < n$，$\mathrm{d}(\cdot)$ 为距离函数，m 为模糊加权指数。

目标函数 J 取最小值时，可得隶属度矩阵 u_{ij} 和聚类中心 v_i：

$$u_{ij} = \frac{1}{\sum_{k}^{C} [\mathrm{d}^2(x_j, v_i) / \mathrm{d}^2(x_j, v_k)]^{\frac{2}{m-1}}} \qquad\qquad 式 (3\text{–}56)$$

$$v_i = \frac{\sum_{j=1}^{n} u_{ij}^{m} x_j}{\sum_{j=1}^{n} u_{ij}^{m}}, \ (i, j = 1, \cdots, n) \qquad\qquad 式 (3\text{–}57)$$

具体步骤如下。

① 设迭代停止阈值为 e，模糊加权指数为 m，初始化隶属度矩阵 u_{ij} 和聚类中心为 v_i。

② 重新计算 u_{ij} 和 v_i，当目标函数 J 的变化小于阈值 e 时，迭代结束。

③ 取隶属度矩阵中最大隶属度对应的类，即为最终聚类结果。与 C 均值法相比，FCM 从模糊数学角度具有较好的收敛性，但是由于仅考虑隶属度，该方法对初始值、噪声等较为敏感。

（2）直觉模糊 C 均值（Intuitive Fuzzy C-Means，IFCM）聚类

直觉模糊 C 均值聚类考虑真隶属度、假隶属度、犹豫度和直觉模糊熵，对有噪声干扰的数据聚类效果较明显。设 π_{ij} 为第 i 个聚类中第 j 个元素的不确定度，则隶属度定义为：

$$u_{ij}^* = u_{ij} + \pi_{ij} \qquad\qquad \text{式 (3-58)}$$

由直觉模糊熵，可得聚类中心为：

$$v_i^* = \frac{\sum_{j=1}^n u_{ij}^* x_k}{\sum_{j=1}^n u_{ij}^*} \qquad\qquad \text{式 (3-59)}$$

目标函数为：

$$J = \sum_i^C \sum_j^n u_{ij}^{*m} d^2(x_j, v_i) + \sum_{i=1}^C \pi_i^* e^{1-\pi_i^*} \qquad\qquad \text{式 (3-60)}$$

其中，$\pi_i^* = \frac{1}{n}\sum_j^n \pi_{ij}$，$\pi_{ij} = 1 - u_{ij}^{\alpha} - (1 - u_{ij}^{\alpha})^{\frac{1}{\alpha}}$，$\alpha$ 为不确定度。对图像来说，x_j 为像素点值，u_{ij} 为 x_j 属于灰度中心 v_i 的隶属度。

（3）区域生长法图像分割

区域生长法将具有相似灰度的相邻像素连起来，实现图像二值化的目标。该方法首先确定初始种子点，随后根据相似性判别准则进行区域生长和区域停止。

本节以灰度差判别法为准则，设 T 为灰度差阈值，(m, n) 为基础像素点坐标，$f(\cdot)$ 为灰度值，(i, j) 是尚未标记的像素点坐标，则灰度差判别式为：

$$A = |f(i, j) - f(m, n)| \qquad\qquad \text{式 (3-61)}$$

需要说明的是，式 (3–61) 中，当 $A < T$ 时，合并；当 $A \geqslant T$ 时，不合并。

该方法先分别使用 FCM 和 IFCM 进行热红外图像分割，在此基础上，通过人工选择跑道初始点，并采用区域生长法进行跑道提取，可以实现较好的检测效果。

3.4　低空无人机集群目标的意图识别

目标意图是一个宽泛的概念，不同角度下有不同的定义。根据作战目标所处空间，目标意图可以分为空中目标意图、海上目标意图、水下目标意图、陆地目标意图和空间目标意图；根据战争层次，目标意图可以划分为战略意图、战役意图，以及战术意图。目前，已经有多种方法应用于作战意图识别的研究，这些方法可归纳为模板匹配、专家系统、贝叶斯网络，以及神经网络等。由于空战对抗过程中的目标状态数据呈现时序性特征，时序神经网络可以有效地挖掘数据之间的关联性，实现对目标意图的精准识别。

1. 无人机集群意图识别

无人机集群意图识别是基于已有的经验知识，在复杂多变的作战场景中，采集战场环境信息、敌我作战目标属性信息，以及动态数据，对敌方目标作战意图进行推理的过程。空中目标战术意图推理过程如图 3–10 所示。

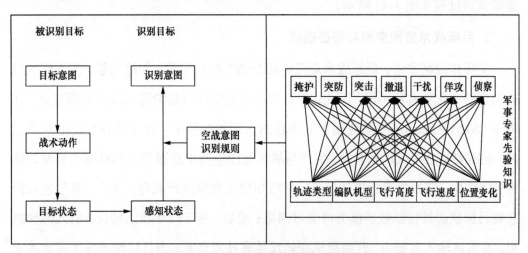

图 3–10　空中目标战术意图推理过程

无人机集群意图识别是经典的模式识别问题，其实质就是从作战意图特征信息到作战意图类型的映射。定义 $I = (i_1, i_2, \cdots, i_n)$ 为目标作战意图空间，定义 V^t 为 t

时刻的战场特征信息。在实际的高对抗作战环境下，无人机集群会显露虚假作战意图以引导我方决策者做出错误的判断。因此，在进行无人机集群作战意图识别时，需对敌方作战目标进行追踪分析以取得准确的识别效果。定义 V_T 为从 t_1 到 t_T 的 T 个连续时刻的特征集合构成的时序特征集，因此，行动意图空间 I 到时序特征集 V_T 的映射函数可表示为：

$$I = f(V_T) = f(V^{(t_1)}, V^{(t_2)}, \cdots, V^{(t_T)})$$ 式 (3-62)

由于战场具有高对抗性、不确定性、复杂性等特征，所以作战意图类型与时序特征集的映射关系难以用数学公式表示。本节的空中目标作战意图识别过程为：首先，基于作战领域专家知识标注的历史数据的意图类型，获得训练数据集；其次，对数据集进行预处理并作为输入项输入基于注意力的双向长短记忆神经网络（Bidirectional Long Short Tern Memory，BiLSTM-Attention）中，得到作战意图类型与时序特征集之间的映射关系；最后，将时序战场信息、轨迹类型和时序战场信息输入目标意图智能识别模型中。在实战场景中，将采集到的 N 个连续时刻 $(T_n \sim T_{n+N})$ 目标的状态信息整合编码后，输入目标意图识别模型中，识别敌方目标意图。空中目标战术意图识别过程如图 3-11 所示。

2. 目标战术意图空间与特征描述

实际作战场景中，目标战术意图空间会随着作战形式、作战场景、敌方作战目标类型的变化而有所不同。因此，需要选择适合实际战场情况的战术意图空间。在将 BiLSTM-Attention 模型应用于战术意图识别的过程中，除了选择合适的意图空间，还需要结合人机认知差异，生成与战术意图空间中意图类型相对应的模型训练标签。首先，需根据目标雷达信息，对已知轨迹数据进行梳理；其次，基于输入信息将目标状态转移函数建模为可学习网络；最后，基于时序状态特征，引入博弈思想，在雷达输入数据中，开展敌机变轨反侦察技术研究，当目标轨迹发生重大改变时，按照时序特征调整对应模型权重。

在本节中，建立无人机的轨迹空间包括俯冲、螺旋上升、盘旋、爬升和巡航 5 种轨迹类型。5 种轨迹类型与其轨迹类型编码与模式解析如图 3-12 所示。例如当

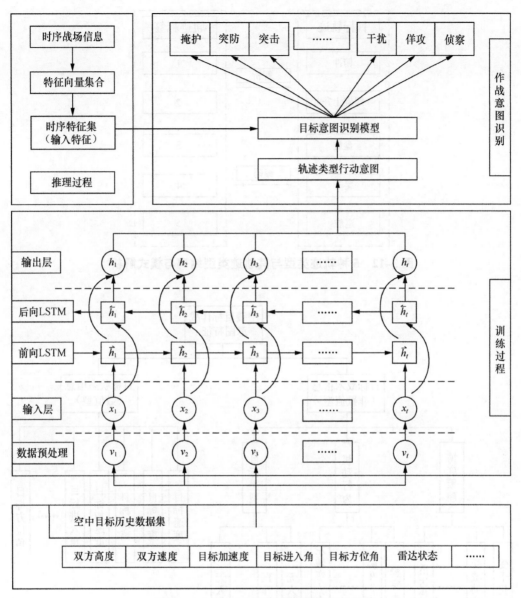

图 3-11　空中目标战术意图识别过程

BiLSTM-Attention 模型判断轨迹类型为 4 时，表示被识别目标的轨迹类型为爬升。对敌方作战轨迹类型编码可以充分运用决策人员的专业知识，降低模型的训练难度。

本节提到的无人机集群意图识别特征集为目标类型、机动行为、博弈策略、目标速度、目标高度、目标距离、目标加速度、目标进入角、目标方位角等特征向量。其中，包含数值型特征与非数值型特征。无人机集群作战意图特征描述如图 3-13所示。

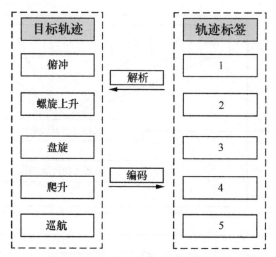

图 3-12 5 种轨迹类型与其轨迹类型编码与模式解析

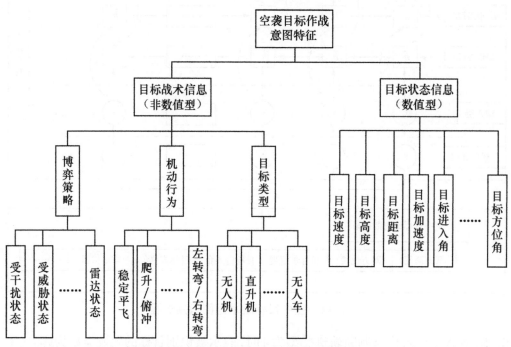

图 3-13 无人机集群作战意图特征描述

3. 输入层

输入层需要对作战特征数据进行预处理,按照隐含层输入数据的要求进行处理,使数据项变为特征向量形式。具体数据处理步骤如下。

① 读取采集数据并进行数据清洗。

② 针对轨迹缺失数据进行均值插补：将数据集中不带有任何属性值缺失的实例 X_{obs} 作为自变量 $X_i = (X_1, X_2, \cdots, X_N)$；将数据集中包含有一个或者多个属性值缺失的数据实例作为因变量 Y。通过拟合，可得出 X_i 与 Y 的计算公式：

$$Y_m = a_0 + \sum_{i}^{N} a_i X_i \qquad \text{式 (3–63)}$$

其中，a_0 表示插值基准值，a_i 表示第 i 个属性值的权重，Y_m 表示利用均值插值获得的数据拟合值。

③ 对于第 x 维数值型数据 $\mathrm{F}_x = [f_{x1}, f_{x2}, K, f_{xi}, K, f_{xn}], (x = 1, 2, K, 11)$。其中，$n$ 为数据的总量。f_{xi} 在区间 $[0, 1]$ 上的映射为 f'_{xi}，二者的关系为：

$$f'_{xi} = \frac{f_{xi} - \min \mathrm{F}_x}{\max \mathrm{F}_x - \min \mathrm{F}_x} \qquad \text{式 (3–64)}$$

④ 将出现的 5 种目标轨迹类型编码为类别标签。

4. 输出层

长短期记忆网络（Long Short Tern Memory，LSTM）属于循环神经网络（Recurrent Neural Network，RNN）的一种，与 RNN 的递归结构近似。与 RNN 相比，LSTM 应用了门控开关机制，模仿人类大脑的记忆与遗忘，因此，LSTM 很好地克服了长序列训练过程中存在的梯度爆炸与梯度消失问题。经典的 LSTM 仅仅处理此前的历史信息，存在忽略未来信息的问题，而造成这个问题的根本原因是 LSTM 的神经网络结构具有单向性。双向长短期记忆网络由前向 LSTM 和后向 LSTM 组合而成，可以同时捕获过去和未来的信息特征。

注意力机制与人类大脑处理视觉信号的机制相似，通过对多个时间点的 BiLSTM 输出计算权重，放大权重较大的特征的影响因子，以达到优化神经网络模型性能的效果。在本节无人机集群作战意图识别的过程中，神经网络会基于 Attention（注意力）机制对训练过程中出现的各项特征赋予权重系数，分析已知各特征的重要程度。例如无人机集群威胁度等级达到 4 级时，其目标意图类型、目标距离等对预测结果影响系数较大的特征会被赋予更高的权重，以达到更好的预测效果。

Attention 层的输出值在此处会作为输出层的输入。由 Softmax 函数对数据进行处理，再作为输入传入输出层，进而计算 5 种无人机集群轨迹类型对应的概率，具体计算公式如下。

$$y_i = \text{Softmax}(w_1 Y + b_1) \qquad \text{式 (3–65)}$$

其中，Y 表示 Attention 层的输出值，w_1 为 Attention 层至输出层所需要训练的权重系数矩阵，b_1 为训练的偏置信息，y_i 表示预测的相应轨迹类型的概率。

3.5 低空无人机集群目标的威胁度评估

态势推演描述的是根据敌对势力的行动、部署、意图和能力，进行具体分析和预测的过程。这一概念旨在帮助决策者更好地理解当前形势及未来可能的变化趋势。通过态势推演，可以实现对不同威胁的性质和潜在威胁程度的评估，是战场指挥员充分理解战场态势并做出正确战术决策的重要前提。

态势推演是多源信息融合领域的重要内容之一，是一种融合复杂信息的高层次方法。美国国防部实验室联合理事会对态势评估的定义得到了业内广泛认可。信息融合模型如图 3–14 所示，在信息融合模型中，态势评估处于第二级，指出态势评估是为了建立关于战场环境中作战活动发生的时间、位置，以及相应战斗力量分布和组织形式的一张多重视图。态势评估将观测到的战斗力量分布、战场周围环境、敌方作战意图，以及敌方机动能力有机地联系起来，从而分析并确定事件发生的原因，得到敌方战斗力量分布结构、使用特点的估计，最终形成战场综合态势图。由

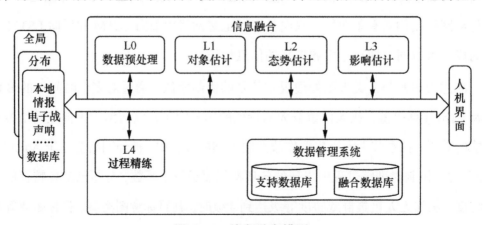

图 3–14　信息融合模型

此可见，态势推演技术能够在有效利用复杂战场环境信息的基础上，估计敌方的战术意图。因此，态势推演的结果可以反映整个战场的发展方向。指挥和决策部门只有正确了解战场的当前态势和发展趋势，才能采取合适的行动。

目前，大部分的态势推演研究是针对单一战场环境中的局部态势。但在现代战争中，整个战场态势的发展趋势取决于战场上的所有作战单位的作战态势，并且现实中对方的环境往往是不确定的。战场指挥员如果要准确认知战场态势，则需要在对战场协同关系充分理解的基础上，实现在不确定环境下对全局态势推演。

综上所述，精准的协同态势推演是赢得胜利的关键因素之一。建立高效的态势推演体系不仅可以帮助战场指挥员充分理解战场局势，而且能帮助指挥员做出正确的决策，但利用不充分且复杂的信息对战场无人机集群进行态势推演仍然面临重大挑战。本节总结了无人机集群的特点，运用模糊模式识别等技术，建立可适用于目标属性完全清楚，以及目标属性部分不确定条件下的无人机集群威胁等级模糊模式识别模型，从而介绍从态势认知到推理研究的全过程。

1. 不确定环境威胁属性值的确定与表示

无人机集群的属性众多，既有定量描述，也有定性描述，而且相互之间的关系复杂。如果要全面合理地考虑每个属性，给出一个威胁程度与各种属性的函数关系，难度很大。在实际作战过程中，敌我双方处于相互保密态势，作为防空方，只能根据雷达探测信息和掌握的敌方信息进行判断，一般可以得到目标的意图类型、目标距离、目标相对速度、目标高度、目标航路捷径等信息。因此，评价无人机集群对保护区域威胁程度的指标主要包括目标距我距离、目标速度、到达时间、飞行高度、航路捷径、目标意图类型等。其中，到达时间在不考虑目标机动的情况下，可根据目标距离和速度计算得到，不作为单独指标研究。

由于目标意图类型的不同，所以对其威胁能力的评估也不一样。不同目标意图类型的攻击任务、攻击意图不同，对保护区域的威胁能力也不同。威胁度指标是定性指标，可采用系统模糊决策理论的方法计算。各种目标意图的威胁程度示例见表 3-1。

表 3-1　各种目标意图的威胁程度示例

目标意图	突击	突防	掩护	伴攻	干扰	侦察	撤退
威胁概率	1.0	0.8	0.7	0.5	0.6	0.3	0.2

2. 目标属性权重和分类标准的辨识算法

目前，解决目标属性权重的方法通常可分为两类：一类是主观赋值法，主要由专家根据经验知识主观判断得到，例如二元对比法、层次分析法（Analytic Hierarchy Process，APH）、Delphi（德尔菲）法等；另一类为样本赋值法，即充分利用已知的样本数据，推断出最佳的 W、S，例如主成分分析法、因子分析法等。本节利用样本数据确定无人机集群威胁等级，根据模糊辨识模型中的参数 W、S，求解满足给定精度要求的最佳 u_{hj}^*，W_i^*。

当已知样本 y 对应各个级别的相对隶属度，则目标函数可转换为：

$$J = \min F(W,S) = \sum_{j=1}^{n} \sum_{h=1}^{c} \left\{ u_{hj}^2 \sum_{i=1}^{m} [w_i(r_{ij} - s_{ik})]^2 \right\}$$

$$\sum_{i=1}^{m} w_i = 1, w_i > 0, i = 1, 2, L, m. \qquad \text{式 (3-66)}$$

构造如下拉格朗日函数：

$$L(W,S,\lambda) = \sum_{j=1}^{n} \sum_{h=1}^{c} u_{hj}^2 \sum_{i=1}^{m} [w_i(r_{ij} - s_{ik})]^2 - \lambda\left(\sum_{i=1}^{m} w_i - 1\right) \qquad \text{式 (3-67)}$$

令 $\frac{\partial L}{\partial s_{ih}} = 0$，$\frac{\partial L}{\partial w_i} = 0$，$\frac{\partial L}{\partial \lambda} = 0$，可得模糊辨识迭代模型：

$$s_{ih} = \frac{\sum\limits_{j=1}^{n} u_{hj}^2 w_i^2 r_{ij}}{\sum\limits_{j=1}^{n} u_{hj}^2 w_i^2} \qquad \text{式 (3-68)}$$

$$w_i = \left\{ \sum_{k=1}^{m} \frac{\sum\limits_{j=1}^{n} \sum\limits_{h=1}^{c} [u_{hj}(r_{ij} - s_{ih})]^2}{\sum\limits_{j=1}^{n} \sum\limits_{h=1}^{c} [u_{hj}(r_{kj} - s_{kh})]^2} \right\}^{-1} \qquad \text{式 (3-69)}$$

求解模糊辨识模型的计算步骤如下。

① 给出循环迭代计算精度 ε_1、ε_2，级别数 c 值。

② 设初始指标权矩阵 (w_i^0)，模糊矩阵 (s_{ik}^0)，$l = 0$。

③ 分别计算 (s_{ik}^l) 和 (w_i^l)。

④ 如果满足 $\max |w_i^{l+1} - w_i^l| \leqslant \varepsilon_1$，$\max |s_{ih}^{l+1} - s_{ih}^l| \leqslant \varepsilon_2$，则迭代结束，矩阵 (s_{ik}^*)、(w_i^*) 为满足计算精度 ε_1、ε_2 要求的属性因子分类标准矩阵、最优属性因子权向量；如果不满足，则继续进行迭代。

根据以上迭代方法，可解得满足迭代精度要求的最优属性权向量 (w_i^*) 及最优属性分类标准矩阵 (s_{ik}^*)。

3.6　小结

本章首先围绕面向低空无人机集群的态势感知与推演，开展了低空无人机集群目标侦测手段、低空无人机集群目标的多模态信息融合技术、低空无人机集群目标检测与定位跟踪、低空无人机集群目标意图识别和低空无人机集群威胁度评估 5 个方面的研究。其次，本章通过对目标侦测手段的研究，为开展无人机集群态势感知与推演提供理论支持和技术选择。为应对实际无人机集群作战信息多模态化的挑战，开展多模态信息融合技术，为战场目标检测和定位追踪提供理论支撑。开展低空无人机集群目标检测与定位跟踪技术研究，通过对比融合几类目标检测技术和定位跟踪技术，提取准确实时的运动状态信息，实现无人机集群的态势感知和推演。最后，本章通过结合基于时序神经网络的意图识别算法和基于模糊识别的威胁度评估算法，实现面向低空无人机集群的态势感知和推演。

3.7　课后习题

1. 请简述低空无人机集群目标侦测手段。

2. 请简述无人机集群目标多模态信息融合技术。

3. 请简述低空无人机集群目标检测与定位跟踪技术。

4. 请概述低空无人机集群目标的意图识别技术。

5. 请概述低空无人机集群目标的威胁度评估技术。

第4章　面向低空无人机集群的综合反制技术

　　在无人机系统技术飞速发展的时代，面对低空无人机集群威胁，构建综合反制体系成为当务之急。本章将针对这一挑战深入探讨具体的应对策略与技术路径，从不同的角度出发，分析多种反制样式，涵盖干扰阻断、临检拿捕、监测控制，以及打击毁伤等，探索反制作战的任务要素，引入博弈理论，通过不同参与方之间的交互进行建模，构建一个智能协同反制系统，实现资源的有效利用和任务的高效执行。

针对决策环节，一方面提出防空反导各环节中的协同反制决策算法，使其能够更好地适应不断变化的战场环境和威胁；另一方面通过应用实例的介绍，展示不同算法在实际场景中的应用。

4.1 低空无人机集群反制样式

在保护低空空域重要战略资源、维护社会公共安全和保障公众隐私权的强烈需求下，无人机集群反制技术应运而生。低空无人机集群反制技术是指为保护低空空域重要战略资源、维护社会公共安全和保障公众隐私权，对非法入侵的无人机集群进行反制控制的技术。实施反制的完整流程主要包括侦测发现、跟踪定位和处置应对，本节重点关注处置应对环节的低空无人机集群反制技术。

目前，低空无人机集群反制技术的类型较丰富，常见的有捕网枪、无人机捕网、微波枪、声波干扰、操控信号干扰、无线电通信协议破解、卫星定位诱捕技术等。总体上可分为干扰阻断类反制、临检拿捕类反制、监测控制类反制，以及打击毁伤类反制。每类技术又可根据所用工具、作用目标等方面的差异进一步细分，综合反制技术分类示意如图4-1所示。

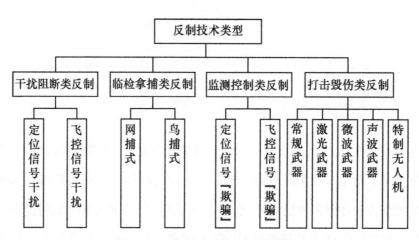

图4-1　综合反制技术分类示意

4.1.1 干扰阻断类反制

无人机可通过远程的指挥控制链路和全球定位系统（Global Positioning System，GPS）卫星导航实现超视距无线传输，通过向目标发射定向大功率干扰射频，切断其卫星导航信号或导航数据链路,从而迫使其自行降落或返航。基于这一机理,干扰阻断类反制技术通过向目标定向发射高功率无线电信号干扰其定位系统和遥控系统,以切断目标与遥控平台和定位卫星之间的联系,使定位和飞控设备无法正常运行,以此达到驱逐或打击目标的目的。根据干扰对象的不同,干扰阻断类反制的方式主要有定位信号干扰和飞控信号干扰两种,具体说明如下。

1. 定位信号干扰

对目标施加虚假卫星定位信号,迷惑目标导航模块,使其失去定位信号。这类技术作用距离远,干扰效率较高,但目标无法导航定位后,可能会失控坠毁,存在安全隐患,且采取反制措施时会影响作用范围内其他设备终端的导航定位功能。

2. 飞控信号干扰

通过向目标发射大功率无线电干扰信号,切断无人机和地面站的数据链路,隔断系统空地联络,进而激活无人机内置保护机制,使目标在其指引下原地降落、悬停或返航。这类技术的优点是实施难度较低,相对便捷高效,不需要精确瞄准即可有效反制,对目标的破坏和损害通常较小,可打击无人机集群对抗作用范围内的多架无人机。其缺点是切断目标数据链路后,无法有效控制无人机,如果无人机发生失控坠落,则可能伤害地面上的人员或设备。当采取长时连续压制措施时,可能受到蓝牙、Wi-Fi 等影响,导致周边无线电设备不能正常使用,且大功率电磁辐射可能危害人体健康。另外,跟踪式干扰对反制设备的实时处理能力要求较高,技术难度和研制成本也相应提升。

4.1.2 临检拿捕类反制

携带探测设备和捕捉网的无人机在飞临可疑目标无人机附近时,对可疑目标无人机进行近距离临近检查和威胁识别,选取合适角度和速度对可疑目标无人机实施拦截和捕捉。根据所用工具的不同,常见的临检拿捕类反制技术主要有网捕式和鸟捕式两种,具体说明如下。

1. 网捕式

通过缠绕无人机旋翼，破坏其动力系统。这类技术实施简单，成本较低，可保证目标的完好性，进而通过破解分析实现追查溯源，但仍存在反制效果或实施过程中的一些限制。一方面，其防御范围较小、作用距离有限、反制效率较低，反制期间目标需保持在视距范围之内；另一方面，反制实施依赖于缠绕旋翼，对非旋翼类无人机反制效果不佳，对具备感知避障功能的无人机捕获效果也不理想。另外，挂载网捕式无人机操作难度较大，网捕弹丸发射时产生的噪声与后坐力较大，且无法连续射击。

2. 鸟捕式

利用鹰、隼等飞禽类动物的捕食本能，借助奖励机制培养捕捉意识，逐步训练，提高其捕捉能力，使其最终听从指挥，快速捕获无人机并飞至指定区域。此方式相对灵活机动，过程中不需要人工干预，且较为环保，通常无附带毁伤，同时动物的饲养成本较低。但动物的实时捕捉依赖后天习得的条件反射，捕获过程易受突发状况影响，不确定性较大。

4.1.3　监测控制类反制

通过监测、识别目标使用的传输链路代码，侵入其遥控指挥中枢控制目标，使其无法接收甚至接收错误的信息，从而降低或丧失任务执行的能力，以实现打击和反制。监测控制类反制的主要方式有定位信号"欺骗"和飞控信号"欺骗"两种，具体说明如下。

1. 定位信号"欺骗"

通过发射携带虚假定位信息的卫星信号，迷惑并误导目标的定位导航系统，使其对自身位置判断错误，从而实现定位信号"欺骗"。由于卫星导航信号的频率等信息固定且公开透明，所以该类技术实现难度较低，对设备发射功率要求也较低，同时作用距离较远，可在不损伤目标的情况下实现捕获，便于取证。但该方式可能影响周边导航设备的使用，且禁飞区欺骗方式仅对内置地理围栏的无人机有效，当无人机关闭禁飞功能时，该方式失效。

2. 飞控信号"欺骗"

借助特定技术侦测目标数据链信号，采用破译手段解析出频率、带宽、调制方式，以及通信协议等关键信息，再利用上述内容生成虚假控制命令，并以较大功率向目标传送，从而压制真实遥控信号，获取控制权，引导无人机飞离或降至特定区域。这类手段可精准攻击目标，使目标落于指定地点，且不影响周边电磁环境及设备，同时对反制设备的功率要求不高。但随着加密技术发展升级，破译技术也需随之演进迭代。此外，当缺少技术体系和相关规范时，技术研发难度和设备的维护成本进一步提升。

4.1.4　打击毁伤类反制

当无人机对防卫区域可能造成极端危害或引发严重后果时，采用特定手段直接攻击目标实体，造成其结构毁伤、控制系统电子元器件或执行系统硬件毁伤，实现对目标的拦截或摧毁。常见的打击毁伤类反制技术主要有常规武器、激光武器、微波武器、声波武器、特制无人机 5 种，具体描述如下。

1. 常规武器

现有的传统防空火力技术已经达到了较高的成熟度，具备实施毁灭性打击的能力，但这种方式的弹药成本较高，使用限制条件相对严苛，且误伤范围较广，无人机残骸和火力单元碎片易对周边造成附带损伤。

2. 激光武器

激光武器使用高能激光束聚焦，瞄准并烧毁目标关键部件或外壳，例如通信模块、电调模块或控制线路等。其成本较低，作用距离较远，反制效果较好；发射迅速精准，可持续发射激光束打击目标；抗电磁干扰能力较强。但激光武器也存在一些不足：一是需搭配运载设备、电源系统和冷却系统才能使用；二是反制效果既高度依赖高精度聚焦能力，又受天气因素的严重影响，例如雨、雪、雾等；三是无人机残骸坠落会对周边造成安全威胁。

3. 微波武器

利用高能电磁脉冲干扰，击穿并烧毁无人机的电子元器件，使之失能失效，造成内部设备的永久性毁伤。其覆盖频谱范围广，毁伤效果强；反制过程中不需要精确瞄准目标，火力控制相对便捷，可持续打击作战，容错率较高；可对抗无人机集群，能够破坏目标系统的通信链路，导致其无法执行任务。但受限于发射功率，其打击距离有待提升，并且由于使用时会产生极强的能量辐射，所以可能会污染作用范围内的电磁环境，并使一些电子设备受到损伤。

4. 声波武器

无人机需依靠自身组件陀螺仪的反馈数据来感知飞行状态，调整姿态及维持平衡。声波武器利用同频共振原理，通过发射与陀螺仪频率一致的声波而引发共振，导致其无法正常工作，影响无人机稳定飞行，进而使其失控坠落。但因存在较多研究难点和使用限制，例如快速瞄准和跟踪目标问题、声波功率的强度问题，以及高昂的价格问题等，短期内，该方法尚不会成为主流的反制手段。

5. 特制无人机

无人机以自身为武器，采用追击碰撞、爆炸破坏或搭载武器等方式对目标实施打击。此类武器反应迅速，打击效率较高，由于是飞手（人工）控制，所以具有一定容错率。需要注意的是，特制无人机是以摧毁为目的，打击后无法溯源，而且目标失控坠落可能造成其他损伤。

4.2 博弈驱动的协同反制

反制作战的任务要素分析旨在为无人机集群博弈对抗研究领域提供高效、可靠且可扩展的仿真环境。在这样的平台中，实现对不同参与者之间的策略竞争，以及对抗性情境下决策和行动的模拟及分析。研究并实现系统的态势推演功能，即基于已有的信息和数据，推断当前和未来的态势和情境。研究并实现无人机之间的交互过程，包括信息交换、决策制定和行动执行等，用于与外部数据源进行交互和集成，实现系统内部的算法和模型，以模拟无人机集群决策制定和行为规划，为新的反制战术战法推演验证提供可靠的实验平台。

在无人机集群体系博弈对抗中，协同反制的博弈建模方法不可忽视。识别无人机集群的博弈策略意图，不仅有助于理解无人机集群的策略和行为，还为优化策略、预测集群行为，以及决策支持提供了有价值的信息。对低空安防作战任务场景下的红蓝对抗矩阵博弈问题进行描述与建模，通过列举低空安防对抗双方可采取的策略，根据设计的收益损失函数求取支付矩阵，用子集枚举算法依据最小最大原则求出博弈纳什均衡解后，根据博弈后的态势对敌方的意图进行评估和预测，将预测的意图作为智能决策算法的参考指标，提高低空安防对无人机集群的反制效能。

博弈驱动的火力分配方案是对发生的战争做合理的战场任务分配，例如是否打击敌方，何时打击敌方，以及指派哪些作战单元打击敌方能够配合空中力量完成指定作战任务，使我方效益最大化。然而，由于跨域体系作战要素众多，所以任务分配维度的复杂性呈指数型增加，任务场景动态可变，对指挥决策带来了很大的挑战。因此，以低空安防任务为牵引，专家提出基于人工智能技术战术战法推演验证方案。该方案提出以强化学习为核心的智能算法作为对抗双方的决策者，训练系统中的所有训练样本均来自双方的对抗结果，双方对自身决策行为进行探索与策略迭代，通过积累经验完成模型自进化的过程，解决跨域体系作战下对抗决策的难题，通过智能算法推演探求低空安防中的反制机制。

4.2.1　反制作战的任务要素分析

作战仿真模型是验证体系博弈智能算法的基础。在实践中，作战仿真模型可分为实体模型和行动模型两个部分。需要说明的是，实体模型与行动模型一样重要。其中，实体模型主要用于表征各类武器装备仿真对象的静态能力属性和实时状态属性，通常用若干变量数据的组合进行表示；而行动模型主要用于描述实体状态发生变化的过程，通常表示为函数或函数的组合，其输入和输出分别为行动前后实体的属性和状态。一般情况下，行动模型需要的输入数据和输出数据是作战仿真的主要内容，而这些输入数据和输出数据又对实体模型的数据格式做了基本规定。可以说，行动模型像躯干、经脉一样支撑、贯穿整个作战仿真模型。实际战争中可能有多种行动，而受具体环境的影响，每种行动可能又有不同的表现形式，这就决定了作战行动模型需要长期的建设和积累。

需要说明的是，实际作战中涉及的实体模型和行动模型极为复杂，这里给出的只是一些简化模型。这些模型虽然不足以对实战效果做出精确的评估，但能够对作战过程的演进变化给出相应的模拟，可用于战术、战法的演示和推演。

1. 作战要素机动基本模型

在物理学中，最简单的运动是匀速直线运动，即实体按照给定速度，在每个时间段内向预定方向运动相同距离。在笛卡儿直角坐标系中，这一运动模型可简单地表示为：

$$
\begin{cases}
x_1 = x_0 + v\Delta T \sin\theta \cos\varphi \\
y_1 = y_0 + v\Delta T \sin\theta \sin\varphi \\
z_1 = z_0 + v\Delta T \cos\theta
\end{cases}
\qquad \text{式 (4-1)}
$$

其中，(x_0, y_0, z_0)，(x_1, y_1, z_1) 分别为当前时刻和下一时刻的实体位置，v 为实体速度值，ΔT 为间隔步长，θ 为速度方向与 z 轴正向的夹角，φ 为速度方向在 xy 平面上的投影与 x 轴正向的夹角。

$$
R_1 = 4.12 \times 10^3 \times (\sqrt{h_1} + \sqrt{h_2}) \qquad \text{式 (4-2)}
$$

其中，h_1 和 h_2 分别为雷达和目标的高度，单位为 m；R_1 代表雷达的最大探测距离。

所谓功率检查是指，目标回波信号的功率强度需达到一定程度才能够被雷达检测发现。这里的强度标准主要是信噪比标准，即信号功率（目标回波信号功率）与噪声功率（包括雷达接收机内部噪声和可能存在的外界电子干扰两个部分的噪声功率）的比值要大于雷达的最小可检测信噪比门限。在默认要求满足的前提下，下面分别介绍有电子干扰和无电子干扰两种情况下的功率条件。

经推导计算，雷达未受电子干扰时能够探测发现目标的最远距离为：

$$
R_2 = \left[\frac{P_t G_t^2 \lambda^2 \sigma}{(4\pi)^3 kT\Delta f F \text{SNR}_{\min} \times L_t} \right]^{\frac{1}{4}} \qquad \text{式 (4-3)}
$$

其中，P_t 为雷达发射功率，单位为 W；G_t 为雷达天线的主瓣增益，表示倍数关系；λ 为雷达发射波长，单位为 m；σ 为目标雷达截面积，单位为 m^2；k 为玻尔兹曼常量，T 为接收机噪声温度，单位为 K，通常默认 $kT = 4 \times 10^{-21}$，单位为 W/Hz；Δf 为接收机通频带，单位为 Hz；F 为接收机噪声系数；$\text{SNR}_{\min}$ 表示最小可检测信噪比；L_t 为综合传播损耗。

雷达受电子干扰时能够探测发现目标的最远距离为：

$$R_3 = \left(\frac{\frac{P_t G_t^2 \lambda^2 \sigma}{(4\pi)^3 L_t}}{\left(\sum_i \frac{P_{ji} G_{ji} G'_{rji} \lambda^2}{(4\pi)^2 R_{ji}^2 L_{ji}} + kT\Delta F \right) \times \text{SNR}_{\min}} \right) \qquad \text{式 (4–4)}$$

其中，$\text{SNR}_{\min}$ 表示最小可检测信噪比；P_{ji} 为第 i 部干扰机对本雷达的干扰功率，单位为 W；G_{ji} 为发射增益；R_{ji} 为与本雷达的距离，单位为 m；L_{ji} 为综合传播损耗；G'_{rji} 为雷达天线在第 i 部干扰机方向的接收增益。

$$G'_t(\theta) = \begin{cases} G_t, & 0 \leqslant \theta \leqslant \dfrac{\theta_{0.5}}{2} \\[2mm] K \left(\dfrac{\theta_{0.5}}{\theta} \right)^2 G_t, & \dfrac{\theta_{0.5}}{2} < \theta < 90° \\[2mm] K \left(\dfrac{\theta_{0.5}}{90°} \right)^2 G_t, & \theta \geqslant 90° \end{cases} \qquad \text{式 (4–5)}$$

其中，式 (4–5) 中的 K 表示雷达天线的方向性常数，$\theta_{0.5}$ 表示雷达天线的主瓣宽度，单位为度（°）。

2. 作战要素电子对抗基本原理

电子对抗侦察与雷达探测类似，二者的不同点在于，电子对抗侦察本身不发射电磁波，仅通过搜索和检测信号对目标雷达进行侦察。其仿真过程包括通视检测和功率检测两个环节。其中，通视检测的内容前面已经有详细的叙述，功率检测的距离门限为：

$$R_4 = \left(\frac{P_t G_t G_r \lambda^2}{(4\pi)^2 \cdot kT\Delta f F \text{SNR}_{\min} \times L} \right)^{\frac{1}{2}} \qquad \text{式 (4–6)}$$

其中，P_t 为目标雷达的发射功率，单位为 W；G_t 为目标雷达天线的主瓣增益；G_r 为电子对抗侦察机的天线增益；λ 为目标雷达的工作波长，单位为 m；k 为玻尔兹曼常量，T 为电子对抗侦察接收机噪声温度，单位为 K，通常默认 $kT = 4 \times 10^{-21}$，单位为 W/Hz；f 为接收机通频带，单位为 Hz；F 为接收机噪声系数；$\text{SNR}_{\min}$ 为最小可检测信噪比；L 为综合传播损耗。

作战仿真中电子干扰最常见的触发条件主要有发现即干扰、指定目标干扰和指定区域干扰 3 种。其中，发现即干扰是指不需要额外的任务参数，如果电子对抗装备侦察发现任何敌方电子目标，都立即以对应的技术参数对其实施干扰。在实际作战中，由于电子目标的技术参数（例如频率、信号样式等）各不相同，所以电子干扰往往是"一对一"起作用的。另外，现代电子对抗装备大多具有多目标干扰能力，在仿真中，如果某电子对抗装备同时对多个目标实施干扰，则应令其干扰功率均分。

指定区域干扰是指需要输入预定的目标区域，当电子对抗装备侦察发现敌方任何电子目标进入该预定区域时，都立即对其实施干扰。这里涉及一个目标是否在区域内进行检测判断。在平面几何中，判断位置是否在区域内，可以直接通过平面坐标来判断，而对于以经纬度给出的真实坐标，需要先将其转换为东北天（East-North-Up，ENU）坐标系，再通过射线法来判断。

3. 基于作战要素的协同打击基本原理

打击行动模型应以指定目标的机动模型为基础，当打击实体到达目标位置处时，根据目标毁伤的命中概率随机模拟目标的毁伤情况。其主要有两个特征：一是其攻击目标事先不明确，需根据特定规则实时确定；二是其攻击目标是灵活机动的低空飞行器目标，而非相对固定的地面目标或海面目标。

仿真中有两种最常见的规则：一是发现即反制；二是指定区域反制。所谓发现即反制，是指只要发现了敌方飞行器，则立即启动反制拦截程序；所谓指定区域反制，是指如果发现敌方飞行器进入了指定区域，则启动反制拦截程序。在真实场景中，所有地面通信、所有无线电通信均畅通有效，预定反制规则条件，如果通过上一级指挥单元分发的情报态势确定了反制拦截目标，则立即触发雷达开机，对既定目标进行跟踪锁定；如果雷达对目标构成了稳定跟踪，则立即触发打击毁伤单元，对目标进行攻击，实施反制。

4. 假定任务场景建模

假定任务场景为：反制方的两架预警雷达同时监测到了多个未知的低空飞行器目标，这些飞行器目标正在从远处飞向预设的保护地区。更为关键的是，这些飞行器目标的飞行轨迹似乎直指反制方的某个重要基地。在面临这一严峻形势时，反制作战指挥中心立即采取了紧急措施，迅速调集了 4 个地对空打击单元。这一行动的目的是进行战前规划，争取在敌方飞行器目标到达保护区域之前，采取必要的措施，以确保该保护区域免受敌方可能的火力打击。低空安防轻量级任务场景搭建示意如图 4–2 所示。

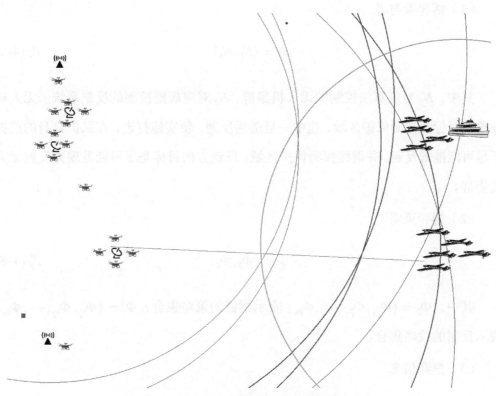

图 4–2　低空安防轻量级任务场景搭建示意

4.2.2　协同反制的博弈建模方法

1. 面向低空无人机集群反制场景构建博弈对抗策略模型

面向低空无人机集群反制场景，首先对无人机集群博弈问题的特点进行分析，然后根据问题分析，建立表征无人机集群博弈过程的数学模型。

无人机集群博弈问题，可抽象为博弈参与者 N、博弈策略 Φ、博弈信念 P、博弈收益 U、博弈状态 S 和物理引擎 E 组成的 $\langle N,\Phi,P,U,S,E \rangle$ 六元组决策问题。其中，博弈参与者为制定策略并执行策略的主体，N 为博弈参与者的集合；Φ 是博弈策略的空间，包含了参与者所能选择并执行的所有策略；P 是博弈参与者信念的集合，表达博弈参与者通过从环境获取信息，选择各个策略的概率；U 是博弈收益函数的集合，表示博弈过程中无人机集群和反制方的收益；E 是指环境状态更新的一系列物理引擎，例如单元的运动学模型、打击轨迹运动模型和单元对环境的探测模型等，用于实现状态对策略的响应。

（1）博弈参与者

$$N = (N_p, N_s) \qquad \text{式 (4–7)}$$

其中，N_p 对应算法控制的无人机集群，N_s 对应规则控制的反制系统。无人机集群的目标是探测保护区域，途中一旦遭遇反制，便实施打击，在保护自身的前提下尽可能摧毁反制，并继续探测保护区域。反制方的目标是尽可能发现并反制无人机集群。

（2）博弈策略

$$\Phi = (\Phi_p, \Phi_s) \qquad \text{式 (4–8)}$$

其中，$\Phi_p = \{\Phi_{p_1}, \Phi_{p_2}, \cdots, \Phi_{pn}\}$ 表示集群的策略集合，$\Phi_s = \{\Phi_{s_1}, \Phi_{s_2}, \cdots, \Phi_{sn}\}$ 表示反制的策略集合。

（3）博弈信念

$$P = (P_p, P_s) \qquad \text{式 (4–9)}$$

其中，$P_p : P_i = f(O_{p(S)})$ 表示的是，无人机集群根据对状态 S 的观测 $O_{p(S)}$，选择策略 Φ_i 的概率函数。同理有 $P_s : P_i = f(O_{s(S)})$，表示基于环境 S 的观测 $O_{s(S)}$，选择策略 Φ_i 的概率函数。

（4）博弈收益

$$R_2 = \left[\frac{P_t G_t^2 \lambda^2 \sigma}{(4\pi)^3 kT \Delta f F \text{SNR}_{\min} \times L_t} \right]^{\frac{1}{4}} \qquad \text{式 (4–10)}$$

博弈双方的收益与环境一一对应，具体表现为某一单元 N_i 选择策略 Φ_i，使环境变为 E_i，并得到环境 E_i 对应的收益。

（5）博弈状态

$$S = \{S_1, S_2, \cdots, S_n\}$$ 式 (4–11)

S 表示在某一时刻，用于表征博弈问题的一系列特征量。本节研究的是不完全信息双方博弈，博弈状态包括无人机集群和反制系统各自获得的状态信息。

（6）物理引擎

$$E = \{E_1, E_2, \cdots, E_n\}$$ 式 (4–12)

无人机集群博弈问题在具有随机性的同时，还具有复杂性和动态性，因此，统计模型的建立面临巨大困难，而且即使能够实现全过程随机模拟，其计算成本也很高。因此，通过建立环境物理引擎，减少随机过程，通过随机初始化的方式表现环境的随机性。

针对问题的复杂性，一方面对打击单元进行运动学和属性两个方面的建模与描述，从而说明单元与单元、单元与武器、单元与敌方武器相互之间的复杂关系；另一方面针对不同的任务目标，设计单元任务属性，用于描述任务目标的动态变化和任务的完成情况。最终，实现博弈问题中多任务目标、多种动作决策之间复杂关系的模拟。

针对问题的动态性，将博弈过程设计为固定时间步长的静态博弈。双方单元先后根据上一时刻的观测信息进行博弈决策，根据决策的结果按固定步长进行环境物理引擎更新，并返回下一时刻双方单元的观测信息，周而复始，从而实现博弈过程的动态模拟。

参与者即为博弈问题中的无人机集群与反制单元的属性，包括单元的基本属性、单元的策略属性与单元的探测属性。其中，单元的基本属性概括了单元自身的状况，单元的策略属性决定单元的执行策略效果，单元的探测属性决定单元的探测效果。

① 单元的基本属性

单元的基本属性包括速度属性、位置属性、姿态属性和生存属性。其中，速度属性为单元的二维速度矢量，位置属性为单元的二维位置矢量，姿态属性为单元的二维朝向，生存属性为单元的生存值标量。速度属性根据变速策略和转向策略进行更新，位置属性根据速度属性进行更新，姿态属性根据转向策略更新，生存属性根据对方武器单元的攻击效果更新。

② 单元的策略属性

单元的策略属性包括变速属性、转向属性和攻击属性。其中，变速属性包括单元速度的几个挡位，每次决策仅可以选择一挡速度。转向属性为每次向左或向右转向的最大转向角度。攻击属性包括武器单元的数量、攻击冷却时间和武器的使用属性。武器的使用属性是使用武器之后，用于表征该武器的属性，包括武器的位置矢量、速度矢量、攻击值和累计里程。

③ 单元的探测属性

单元的探测属性表示的是单元对环境的探测，包括环境对目标、敌方单元和敌方武器的探测。其中，将目标位置和单元绝对位置设置为已知信息，从而可以确定目标的绝对位置和目标相对单元的相对位置。将敌方单元和敌方武器设置为信号源，需要通过探测模型探测相对位置，结合单元自己的绝对位置，可得到敌方单元和敌方武器的相对位置和绝对位置。

结合上述假设，本节将定义什么是变速策略、转向策略和攻击策略。其中，变速策略具体为选择某一速度挡位，则速度在步长内转变为相应的速度；转向策略具体为向左、向右转一定的角度，或者不进行转向；攻击策略具体为如果选择攻击，则发射武器，如果选择不攻击，则不发射武器。

博弈信念是参与者进行博弈的策略方案，输入为环境状态，输出为策略选择。无人机集群的信念由智能算法给出，反制系统的信念是基于反制任务目标的设计，主要分为3个部分。首先，针对探测到的高危武器进行机动躲避；然后，通过分阶段的机动策略靠近敌方单元，在距离无人机集群较远时，直线接近集群，从而尽快靠近，提高攻击的命中率；最后，在距离无人机集群较近时，根据对无人机集群的探测结果和反制技术的攻击属性，进行默认攻击。

博弈收益是无人机集群和反制任务目标的体现。基于无人机集群达到目标点并返回大本营，在遇到敌方时，自卫反击的任务，设置无人机集群收益包括到达目标点的收益、返回大本营的收益和击败敌方的收益，基于反制系统寻找无人机集群并实现反制的任务。

博弈状态包括双方单元的位置、探测结果、生存属性和武器参数等信息，具体可以划分为两个部分，分别对应无人机集群状态和反制系统状态。博弈状态按照各单元已知信息，可以确定属于哪种状态。无人机集群状态具体包括目标位置、己方基本属性，以及探测结果。反制系统状态包括反制技术的基本属性和探测结果。

2. 基于意图识别的博弈对抗作战策略模型构建

矩阵博弈的具体实现是通过支付矩阵进行描述的，通过支付函数计算得出的支付矩阵，决定了博弈双方的策略收益与损失。低空安防场景下的求取支付矩阵的示意如图 4–3 所示。

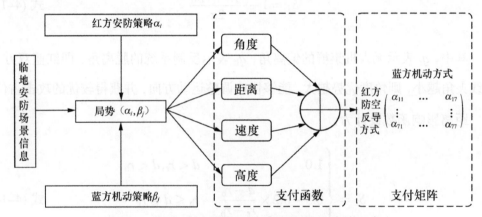

图 4–3　低空安防场景下的求取支付矩阵的示意

红蓝双方根据当前低空安防态势，分别选择 α_i 和 β_j 机动策略，共同构成当前局势 (α_i, β_j) $(i = 1, 2, \cdots, m; j = 1, 2, \cdots, n)$。在当前局势下，红蓝双方的收益与损失由支付函数进行评估，支付函数实质上是双方在完成相应机动策略后对双方优劣势的评价，进而评价双方态势。其通常由低空安防中的角度优势、距离优势、速度优势等函数综合评估得出。用支付函数对当前所有局势 (α_i, β_j) 进行评估后，构成当前状态的支付矩阵。

考虑红蓝双方的机动策略集合为常见的基本操纵动作库，其中包含匀速飞行、加速飞行、减速飞行、左转弯、右转弯、爬升和俯冲 7 种机动动作。基本操纵动作库中的机动动作灵活且易于实现，能够反映红蓝双方在当前战场态势下所包含的战术意图，因此，选择基础操纵动作库作为无人机集群的机动策略集合。上述 7 种动作可以作为可选策略集，低空安防场景下会形成 49 种作战局势，进而建立各自的支付矩阵。

支付函数是对当前低空安防场景下，红蓝双方采取机动策略后的占位优劣势进行评估和量化的函数。支付函数计算出的收益直接决定了支付矩阵的最终结果，也决定了博弈参与者最终的策略选择。因此，构建合理的支付函数将帮助参与者做出更合理的策略选择。在低空安防的场景下，态势信息主要由红蓝双方的相对角度、相对距离，以及相对速度等因素决定，根据上述影响因素，设计的支付函数如下。

角度影响函数设计为：

$$S_1 = 1 - \frac{|q_r| + |q_b|}{2\pi} \qquad \text{式 (4-13)}$$

其中，q_r 表示无人机集群的偏离角，q_b 表示反制系统的脱离角，即红蓝双方目标线夹角越小，则角度优势越大，能够快速调整运动方向，并获得较优的攻击占位。

距离影响函数设计为：

$$S_2 = \begin{cases} 1.0, & d < r_r, d < r_b \\ 0.5 - 0.2 \times \dfrac{d - r_b}{r_r - r_b}, & r_b \leqslant d \leqslant r_r \\ 0.5, & r_b > d > r_r \end{cases} \qquad \text{式 (4-14)}$$

其中，r_b 和 r_r 表示红蓝双方的攻击范围。距离函数的设计原则为红蓝双方距离越近，则距离优势越大。

速度影响函数设计为：

$$S_3 = \begin{cases} 0.1, & v_r < 0.6v_b \\ \dfrac{v_r}{v_b} - 0.5, & 0.6v_b \leqslant v_r \leqslant 1.5v_b \\ 1.0, & v_r > 1.5v_b \end{cases} \qquad \text{式 (4-15)}$$

红方相对于目标速度越大，其速度优势也越大。

高度影响函数设计为：

$$S_4 = \begin{cases} \dfrac{\Delta h}{4000} + 0.5, & -2000 \leqslant \Delta h < 2000 \\[2mm] 1, & \Delta h \geqslant 2000 \\[2mm] 0, & \Delta h < -2000 \end{cases}$$
　　　　式 (4–16)

各类影响函数加权得到：

$$S = \omega_1 \times S_1 + \omega_2 \times S_2 + \omega_3 \times S_3 + \omega_4 \times S_4$$
　　　　式 (4–17)

　　在上述影响因素中，高度及角度对低空安防态势影响较大，因此，二者权重较大。在合理分配权重系数后，构建矩阵对策的支付函数，该函数能够很好地反映当前局势下双方的态势对比情况。

　　以传统博弈方法中的矩阵博弈为基础，可以实现对红蓝双方战术意图的预测。例如红方预测蓝方的战术意图，需以蓝方作为主视角，在当前的低空安防态势与自身状态下，以传统博弈论中的矩阵博弈为决策方法，实现最优机动策略的选择。在假设环境下，红蓝双方执行相应的最优机动策略后，更新各自的状态及飞行参数等信息，并根据更新后的战场信息重新评估当前红蓝双方的态势，再根据态势差值与战术意图的映射关系预测蓝方下一阶段的战术意图。其战术意图将直接影响蓝方的机动策略选择及蓝方最终的飞行路线。在实际低空安防过程中，决策模块在基于当前战场态势下进行机动策略选择时，所做出的机动决策是隐含其战术意图的。在连续的低空安防过程中，博弈的红蓝双方都会选择基于当前态势的最优机动策略以实现其战术意图，最大化其收益。本节将"一对一"低空安防态势集合定义为优势、劣势、均势。低空安防态势示意如图 4–4 所示。

　　基于博弈的意图预测分为博弈过程和预测过程两种。其中，博弈过程基于传统博弈中的矩阵博弈方法对纳什均衡进行求解；预测过程通过对假想场景下的低空安防博弈双方进行态势计算，将态势优劣映射到双方战术意图上，从而实现对蓝方的意图预测。基于博弈的意图预测模型框架如图 4–5 所示。

　　由于受作战背景、作战实体等因素的影响，所以战术意图空间的定义往往存在较大差异。针对低空安防博弈对抗这一具体场景，将战术意图集设定为攻击意图、

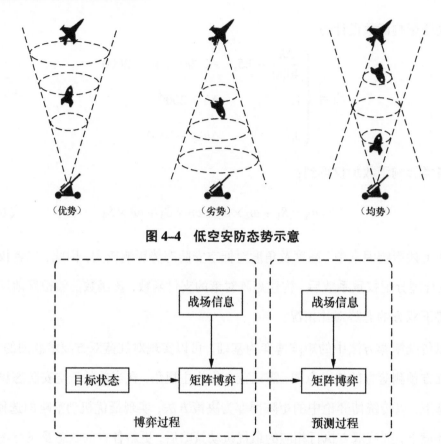

图 4-4　低空安防态势示意

图 4-5　基于博弈的意图预测模型框架

防御意图、伴动意图 3 种模式。其中，攻击意图表示反制方处于优势态势，处于优势占位并具备充分的反制条件；防御意图表示反制方处于劣势态势，占位处于不利状态，需要尽快摆脱当前处境；伴动意图表示此时未受到攻击威胁，处于等待时机、伺机而动的阶段。在低空安防过程中，通过传统博弈的方法决策当前的最优机动后，并依据最优机动策略更新战场环境及各自的飞行参数，对双方的态势进行评估，依据双方的态势指数差值，对下一阶段对方的意图进行预测。综合实际场景下的对抗条件及态势评估函数的计算方式，设置优势、劣势与均势的阈值为 0.05，即当红蓝双方态势差值的绝对值小于 0.05 时，认为红蓝双方处于均势；当态势差值大于 0.05 时，认为态势指数更高的一方处于优势，另一方处于劣势。

4.2.3　博弈驱动的火力分配方案

1. 无人机集群博弈对抗任务场景假定

针对无人机集群来袭的情形构想任务场景,具体场景描述为:反制方保护防护区域,无人机集群在基地周围,区域可被一群高速运动且方向不明的无人机集群占领攻击。当反制方保护防护区域雷达探测到无人机集群时,通过雷达将集群目标的位置和速度信息广播给反制系统,该反制系统可以对产生威胁的无人机集群进行拦截并摧毁。无人机集群的任务是接近防护区域并发起攻击,在靠近保护区域的同时也可对参与拦截的反制单元进行打击,从而达到快速占领和攻击防护区域的目的。反制系统的任务是在无人机集群出现后快速响应,对来袭的无人机进行拦截打击,尽可能多地击落无人机,完成保护防护区域的任务。无人机集群的攻击是在一定的范围之内,无人机的内部设有固定的自动攻击程序,当对方处在自身的攻击范围之内时,将自动发起攻击。考虑到环境等因素对无人机集群的火力单元发射产生的影响,无人机集群的攻击存在一定的命中率,每架无人机的命中率相同。

2. 无人机集群反制的数学建模

在反制对抗场景中,不考虑双方性能等相关参数的差异,即认为双方是同构的。每架无人机设备具有速度 v、航向 α、坐标位置 (x, y) 3 个属性。以右方向为 x 轴正方向,上方向为 y 轴正方向建立坐标系。无人机集群的坐标位置为 $(-10000, 10000)$ m 区间内的连续值。无人机集群的航向为 $[-180°, 180°]$ 区间内的连续值,包含了 $360°$ 内的所有航向。其中,航向值 $0°$ 为 x 轴正方向,航向值 $180°$ 和 $-180°$ 为 x 轴负方向,航向取值范围在 x 轴上方为 $(0°, 180°)$,x 轴下方为 $(-180°, 0°)$。无人机集群攻击角范围为以 θ 角形成的灰色扇形区域,θ 角取值为 $45°$。攻击距离包括虚线扇形区域,半径为 200 m,在对抗环境中的无人机集群可以受到所有方向的攻击。在实际对抗中,无人机集群的攻击命中率可能会受到各种因素的影响,因此,本节假设每架无人机设备击落对方目标具有一定的成功率,成功率设置为 60%。场景中,双方无人机集群的设定都是相同的。

假定反制雷达已经探测到无人机集群的位置和航向信息，无人机集群及集群中各无人机设备之间具有通信能力，则无人机集群能够对其他单位的位置等信息实现完全感知，即集群中的无人机设备在任务场景中能获取全局信息。

在场景中不考虑高度因素，双方无人机集群都处于同一个水平面内，无人机集群运动状态只由航向和速度决定。无人机集群的航向由转向模块控制，每次转向最大角度 α_{max} 为 30°，转向动作通过动作 p 控制，为 [-1, 1] 区间内的连续值。当 $p < 0$ 时，为左转向；当 $p > 0$ 时，为右转向；当 $p = 0$ 时，保持当前航向不变，无人机集群的单次航向动作输出为 $p \times \alpha_{max}$。无人机集群的速度由速度模块控制，速度最小值 V_{min} 为 50m/s，速度最大值 V_{max} 为 150m/s，无人机集群每次只能在当前速度的基础上进行加速、减速或者保持当前速度不变，由动作 α 控制，每次变化的幅度为 5m/s。

3. 奖励函数设计

首先，无人机集群根据对抗任务的需求设计合理的奖励函数，环境中每架无人机集群可以有特定的奖励函数。针对每架无人机及反制方整体的奖励函数进行设计，主要设计原则如下。

① 为了让无人机集群主动靠近反制系统，无人机集群会受到一架与距离最近的无人机相关联的惩罚值，即距离越远，受到的惩罚越大。

② 为了让无人机集群击毁保护区域获得胜利，当无人机集群攻击命中保护区域时，获得一定奖励值；当保护区域全部击毁时，所有无人机集群都获得一个最大奖励值。

③ 为了让无人机集群躲避敌方攻击，当无人机集群被反制单位击中时，获得一定惩罚值；当无人机集群都被反制单位击毁时，无人机集群都获得一个最大惩罚值。

④ 为了让无人机集群航向更精准的保护区域，当无人机集群航向与保护区域之间的夹角小于 5° 时，获得一定奖励值；与保护区域之间的夹角大于 5° 时，受到与夹角相关的惩罚值。

⑤ 为了让无人机集群保护基地，保护区域被无人机集群击中时，获得惩罚值。

4. 面向无人机集群对抗的神经网络设计

多智能体深度确定性策略梯度（Multi-Agent Deep Deterministic Policy Gradient，MADDPG）算法是一种经典的多智能体强化学习算法，采用"集中式训练、分布式执行"的方式，能够适用于环境不稳定的情况，可应用在合作、竞争及混合合作竞争的多智能体环境中。假设有 N 个无人机设备，对于每个无人机设备均有各自独立的 Actor 策略网络和 Critic 网络，设定 Actor 当前网络和目标网络的参数分别为 $\theta = \{\theta_1, \cdots, \theta_N\}$、$\theta' = \{\theta'_1, \cdots, \theta'_N\}$，Critic 当前网络和目标网络的参数分别为 $w = \{w_1, \cdots, w_N\}$、$w' = \{w'_1, \cdots, w'_N\}$。由于每个无人机设备的 Critic 网络不仅输入自身的观测状态及动作信息，也包括其他无人机设备的状态及动作信息，所以对于 MADDPG 算法，第 i 个无人机设备的 Actor 策略网络和 Critic 值函数网络的输入输出关系可由下式表示：

$$a_i = \mu(o_i; \theta_i) \qquad \text{式 (4-18)}$$

$$q_i = Q(o, a; w_i) \qquad \text{式 (4-19)}$$

其中，每个无人机集群的 Critic 网络输入相同。无人机设备 i 的 Actor 和 Critic 算法的网络结构设计如图 4-6 所示。

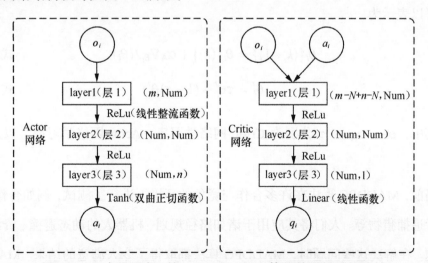

图 4-6　无人机设备 i 的 Actor 和 Critic 算法的网络结构设计

从经验池 $\mathscr{D}$ 中随机抽取出 m 条训练样本，第 j 条训练样本为 $(o^j, \alpha^j, r^j, o'^j)$。其中，$o^j = (o_1^j, \cdots, o_N^j)$，$\alpha^j = (\alpha_1^j, \cdots, \alpha_N^j)$，$r^j = (r_1^j, \cdots, r_N^j)$ 和 $o'^j = (o_1'^j, \cdots, o_N'^j)$ 分别表示

该条经验所有无人机设备的状态量、动作、奖励和下一刻的状态量。定义 MADDPG 算法中无人机设备 i 的 Critic 动作值函数的损失函数为 $J(w_i)$，梯度计算如下：

$$\nabla_{w_i} J(w_i) = \frac{1}{m} \sum_{j}^{m} \{[y_i^j - Q(o^j, \alpha^j; w_i)] \cdot \nabla_{w_i} Q(o^j, \alpha^j; w_i)\} \qquad \text{式 (4-20)}$$

其中，y_i^j 表示无人机设备 i 的第 j 条经验的目标 Q 值，其计算公式如下：

$$y_i^j = r_i^j + \gamma Q[o'^j, \mu(o'^j; \theta_i'); w_i'] \qquad \text{式 (4-21)}$$

无人机设备 i 的策略梯度计算公式为：

$$\nabla_{\theta_i} J(\theta_i) = \frac{1}{m} \sum_{j}^{m} [\nabla_{a_i'} Q(o^j, \alpha'; w_i) \nabla_{\theta_i} \mu(o_i^j; \theta_i)]|_{a' = (a_1^j, \cdots, a_i^j, \cdots, a_N^j), a_i' = \mu(o_i^j; \theta_i)} \qquad \text{式 (4-22)}$$

因此，Critic 当前网络参数 $w = \{w_1, \cdots, w_N\}$ 和目标网络参数 $w' = \{w_1', \cdots, w_N'\}$ 的更新公式可以表示为：

$$w_i\{(k+1)\} = w_i\{(k)\} - \alpha_C \nabla_{w_i} J(w_i) \qquad \text{式 (4-23)}$$

$$w_i' = \tau w_i' + (1 - \tau) w_i' \qquad \text{式 (4-24)}$$

Actor 当前网络参数 $\theta = \{\theta_1, \cdots, \theta_N\}$ 和目标网络参数 $\theta' = \{\theta_1', \cdots, \theta_N'\}$ 的更新公式可以表示为：

$$\theta_i\{(k+1)\} = \theta_i\{(k)\} + \alpha_A \nabla_{\theta_i} J(\theta_i) \qquad \text{式 (4-25)}$$

$$\theta_i' = \tau \theta_i' + (1 - \tau) \theta_i' \qquad \text{式 (4-26)}$$

其中，α_C、α_A 和 τ 分别为 Critic 网络学习率、Actor 网络学习率，以及更新参数。

当前，MADDPG 算法在许多合作与竞争的环境下进行了测试，例如合作导航、捕食者追捕猎物等。人们将其应用于诸如路径规划、机器人的动态避撞、资源调配等问题。在解决这些问题时，MADDPG 算法都取得了令人满意的结果。MADDPG 算法网络结构如图 4-7 所示。

选择多智能体强化学习算法中的 MADDPG 算法，将其应用于无人机集群对抗环境中。其中，无人机集群的每个无人机设备都有一个 Actor-Critic 的框架，框架

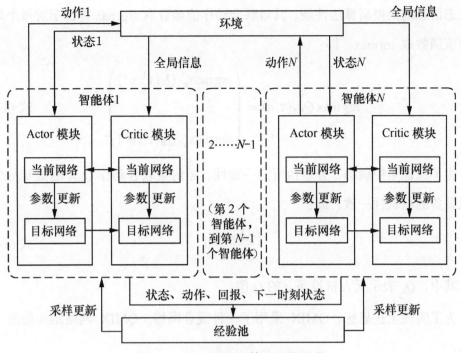

图 4-7　MADDPG 算法网络结构

中的 Actor 模块和 Critic 模块都由 3 层神经网络结构组成，分别包含输入层、隐藏层、输出层。Actor 模块的神经网络输入为无人机集群的当前状态，输出为 4 个动作值，即左转、右转、加速、减速。Critic 模块的神经网络输入为无人机集群的状态，输出为评估值。Actor 模块和 Critic 模块的隐藏层均采用的是 4 层隐藏层结构，每层隐藏层又是拥有 128 个神经元的全连接层。

　　无人机集群采用集中式训练和分散式执行的方式。在训练时，无人机集群的 Actor 模块根据环境提供的当前状态，生成用于控制无人机集群航向和速度的动作。Critic 模块则获取场上无人机集群的状态信息及 Actor 模块生成的动作来计算一个评估值，作为对 Actor 模块输出动作的评估，Actor 模块则会根据评估值来更新策略。无人机集群使用这样一种集中式训练的方式不断积累经验，改善自身的反制策略。当训练完成后，对模型进行测试，此时，无人机集群只需 Actor 模块来输出动作与环境进行交互，Critic 模块不需要做出反馈，即使 Actor 模块只知道局部信息，无人机集群也能做出较优的动作。

　　QMIX 算法（一种多智能体强化学习算法）是在值分解网络上的一种拓展，通过一个混合网络对单无人机设备局部值函数进行合并，并在训练学习过程中加入全局状态信息辅助提高算法性能。其对联合动作值函数取 $\arg\max$ 等价于对每个局部动作值函数取 $\arg\max$，即：

$$\arg\max_{u} Q_{\text{tot}}(\tau, u) = \begin{pmatrix} \arg\max_{u^1} Q_1(\tau^1, u^1) \\ \vdots \\ \arg\max_{u^n} Q_n(\tau^n, u^n) \end{pmatrix} \qquad \text{式 (4–27)}$$

为了保证集中训练，分散执行的一致性，需约束联合动作 Q_{mix} 的值与每个无人机设备的单调性一致，即：

$$\frac{\partial Q_{\text{tot}}}{Q_a} \geqslant 0 \qquad \text{式 (4–28)}$$

其中，Q_a 表示无人机设备 a 的 Q 值。

为了实现上述思想，QMIX 采用了一种混合网络，QMIX 网络结构如图 4–8 所示。

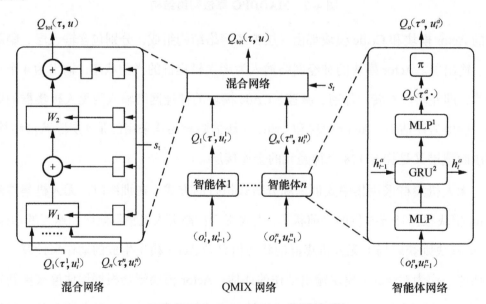

1. MLP（Multi-Layer Perceptron，多层感知器）。
2. GRU（Gated Recurrent Unit，门控循环单元）。

图 4–8 QMIX 网络结构

整体网络结构接受每个无人机设备网络的输出 $Q_n(\tau^n, u_t^n)$ 作为输入，输出联合动作值函数 $Q_{\text{tot}}(\tau, u)$。混合网络将状态 s_t 作为输入，采用一个线性网络及绝对值激活函数保证输出混合网络每层的超参数向量不是负数。其中，每个无人机设备都要训练一个独立的值函数 $Q_a(\tau^a, u^a_t)$，单个无人机设备的网络结构采用深度循环 Q 学习网络（Deep Recurrent Q-Learning Network，DRQN）结构，在每个时间步中，采用当前的独立观测 Q^a_t 和上一个动作 u^a_{t-1}。

QMIX 最终的代价函数为：

$$L(\theta) = \sum_{i=1}^{b} \{ [y^{tot}_i - Q_{tot}(\tau, u, s; \theta)]^2 \} \qquad \text{式 (4-29)}$$

其中，$Q_{tot}(\tau', u', s'; \bar{\theta})$ 表示目标网络，b 表示从经验记忆中采样的样本数量，$y^{tot}_i = r + \gamma \max_{u'} Q_{tot}(\tau', u', s'; \bar{\theta})$。

相较于一般网络，QMIX 由于满足单调性约束，对 Q_{tot} 进行 argmax 操作的计算量不再随着无人机集群数量线性增长而呈现指数增长的趋势，极大地提高了算法效率。然而相关研究发现，QMIX 在训练过程中，无人机集群都被分配了相同的信用，这表明混合网络并不能实现区分度较高的信用分配。

4.3　低空无人机集群反制协同决策技术

在低空安防技术领域，博弈驱动的协同反制与低空无人机集群反制协同决策技术相互交织、相辅相成。博弈驱动的协同反制技术着重于任务要素分析，专注于火力分配方案的设计，为低空无人机集群反制决策提供了关键技术支持。因此，本节将聚焦于低空无人机集群反制协同决策技术，详细探讨基于遗传算法的区域作战规划，基于哈里斯鹰优化算法的反制预案，以及基于强化学习的协同反制在动态决策中的应用。这些内容共同勾勒出协同反制技术在低空安防领域中的多维度应用前景，为应对多变的无人机集群威胁提供了全面的理论指导与技术支持。

4.3.1　基于遗传算法的区域作战规划

区域作战规划与临机调整是对武器单元反制效能的有效利用，区域作战规划的好坏程度将直接影响整个无人机集群反制作战结果。在复杂多变的无人机集群威胁和有限反制资源的情况下，如何提高区域作战规划效能是无人机集群反制研究的重点与难点。目前，国内区域作战规划的研究成果大致包括如下 5 个方面。

①根据区域作战规划的相关特征，建立并计算区域作战规划方案的贴近度，从而得到区域作战规划方案的改进策略，此方法需要融入大量人为评价因素，区域作战规划优化程度有待提高。

②在区域作战规划权重不确定时，采用多属性决策方法（Multiple Attribute Decision Making，MADM），考虑不同因素权重，使计算得到的区域作战规划方案更科学、更可靠。但由于考虑的因素较多，且差异性较大，该方法在实际应用过程中比较复杂。

③通过层次分析法建立防空部署评价指标体系，采用正态云拟合算法选出最优区域作战规划方案，该方法实现了定性到定量的合理转化，虽然在单个武器系统区域作战规划优化计算上效率较高，但对于多武器系统区域作战规划的优化计算难度则因考虑因素的复杂程度增大而增大。

④考虑到来袭目标和武器系统反制性能等要素，建立仿真评估系统，模拟防空作战过程，优化反制单元部署。该方法仅考虑了单武器系统区域作战规划仿真，暂未对多武器系统的防空部署进行仿真。

⑤通过建立多目标区域作战规划模型，得到考虑多目标因素的目标函数，采用遗传算法求解区域作战规划优化模型。遗传算法能很好地解决多目标优化收敛问题，是一种简单有效处理区域作战规划优化问题的实用方法。但到目前为止，区域作战规划优化模型仅考虑了单点区域作战规划，并未考虑到整个防空区域的区域作战规划效能。从区域作战规划的角度来考虑，区域作战规划更能有效地反映整个区域作战规划的性能，将更有效的反制资源部署在需要保卫的要地中心，同时能够兼顾保护在防空区域内其他非重点保护的要地，做到合理利用反制资源，合理部署。

综上所述，如何在考虑多目标多类型反制资源的基础上，对保卫要地进行有效的区域性管理，得到最优的区域作战规划方案，是目前反制作战规划研究的难点。本节就反制作战规划问题进行了较为深入的分析，提出从单点要地防空转为区域性要地防空，建立了防空区域的设计模型，并设计防空区域反制资源部署的数学模型，将遗传算法应用于区域防空部署模型的求解，得到了较为理想的结果。

1. 区域作战规划流程

随着目前武器装备升级换代速度的加快，现有无人机反制装备的反制能力越来越强，反制覆盖范围也越来越大。应用一个无人机集群反制系统保卫单个要地的方式已与目前反制武器的高速发展矛盾。因此，本节在要地单点防空部署的基础上，提出区域化的反制装备部署，使一个反制武器系统可以同时保卫多个要地，减少资源使用成本，实现更高效的反制资源部署。基于区域化防空的特点，建立区域防空部署模型，采用遗传算法求解获得区域防空最优部署方案。基于遗传算法的部署方案如图 4–9 所示。

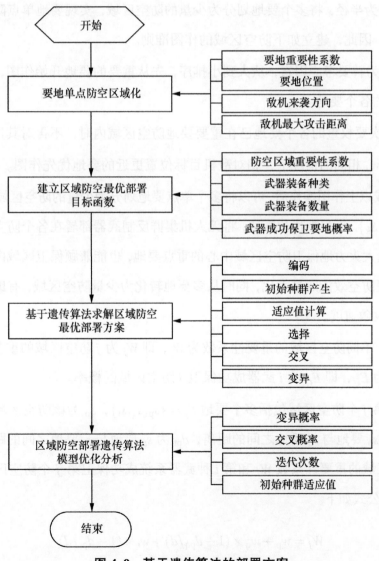

图 4–9　基于遗传算法的部署方案

2. 区域部署模型

防空部署主要是为了最大化发挥各类无人机反制武器的性能,实现对要地的保护。为了建立区域化防空部署的数学模型,对部署条件进行抽象描述,具体如下。

设防空部署可用的武器有 m 种,且第 i $(i=1,2,\cdots,m)$ 种武器有 n_i 套,要地个数为 r。要地的重要性系数为 w_j $(j=1,2,\cdots,r)$,保卫性系数为 $e_{ij} \times w_j$。其中,e_{ij} 表示 i 武器成功保卫要地 j 的概率。

在防空部署过程中,基于侦察来袭目标运动参数信息,可以推测出敌机的航线方向和最大攻击距离 d,还可以根据保卫要地与敌机的相对位置信息,以局部要地为中心,d 为半径,将多个要地划分为少量的防空区域,实现要地单点防空向区域防空转变。因此,建立如下防空区域的作图准则。

① w_j 为首要考虑因素,从大到小排序,先从重要的要地开始作图,依次考虑次要权重的各个要地。

② 当次要权重的各个要地已在重要要地防空区域内时,不再对其进行作图。

③ 在 w_j 相同的情况下,相对敌机目标位置更近的要地优先作图。

在完成以上作图操作后,可以将多个单点要地划分为少量的防空区域,记为 $S = \{S_1,S_2,\cdots,S_k\}$。而根据优化算法,将无人机集群反制武器部署在各个防空区域的中心,既能最大火力地保卫防空区域中心的重点要地,也能兼顾保卫区域内部的其他要地,实现防空效能的最大化,同时从多要地转化为少量防空区域,有助于提高优化算法的收敛速度。

其中,不同防空区域的重要性系数为 W_j,即 W_j 为 j 防空区域的重要程度;保卫性系数为 E_{ij},即 E_{ij} 为 i 武器成功保卫 j 防空区域的概率。

假设第 j 个防空区域包括多个要地 $S_j = \{s_p,s_q,s_t\}$,s_p 为该防空区域的中心要地,d_{pq} 为 s_p 要地与 s_q 要地之间的距离,d_{pt} 为 s_p 要地与 s_t 要地之间的距离,则第 j 个防空区域的重要性系数 W_j 和第 i 种武器系统成功保卫第 j 个防空区域的概率 E_{ij} 的计算公式如下。

$$W_j = w_p + w_q \times (1 - d_{pq}/d) + w_i \times (1 - d_{pt}/d) \qquad \text{式 (4-30)}$$

$$E_{ij} = e_{ip} + e_{iq} \times (1 - d_{pq}/d) + e_{it} \times (1 - d_{pt}/d) \qquad 式(4\text{--}31)$$

防空部署可用矩阵 $X = (x_{ij})_{m \times k}$ 来描述，其中，x_{ij} 为用于保卫 j 防空区域的 i 武器数量。其保卫效能指标是以成功保卫防空区域的数学期望为基础构建的。

用一定数量的 i 武器成功保卫 j 防空区域的概率可表示为：

$$P_{ij} = 1 - (1 - E_{ij})^{x_{ij}} \qquad 式(4\text{--}32)$$

所有 m 类武器成功保卫 j 防空区域的概率为：

$$P_j = 1 - \prod_{i=1}^{m} (1 - E_{ij})^{x_{ij}} \qquad 式(4\text{--}33)$$

数学期望为：

$$M = \sum_{j=1}^{k} \left[1 - \prod_{i=1}^{m} (1 - E_{ij})^{x_{ij}} \right] \qquad 式(4\text{--}34)$$

因此，最优化的目标函数为：

$$\max F = \sum_{j=1}^{k} W_j \times \left[1 - \prod_{i=1}^{m} (1 - E_{ij})^{x_{ij}} \right] \qquad 式(4\text{--}35)$$

约束条件如下：

$$\sum_{i=1}^{m} n_i = \sum_{j=1}^{k} x_{ij}, \ x_{ij} \geqslant 0; \ i = 1, 2, \cdots, m; \ j = 1, 2, \cdots, k \qquad 式(4\text{--}36)$$

根据遗传算法，结合区域防空部署问题的特征，即可实现针对区域防空部署模型的遗传算法设计。遗传算法原理流程示意如图 4--10 所示。

4.3.2　基于哈里斯鹰优化算法的反制预案

区域防空作战规划的重要研究方向之一是反制资源规划预案问题，该问题可表述为：给定多个候选阵地条件下，通过设计优化目标和约束条件，采用特定优化算法求解最优的反制方案。常见的优化算法包括遗传算法、粒子群算法和差分进化算法等。其中，哈里斯鹰优化（Harris Hawks Optimization，HHO）算法作为启发式搜索算法，优化目标不要求连续，且具备较强的并行性，可实现单值目标函数的优化求解，在资源规划的优化问题中得到广泛应用。

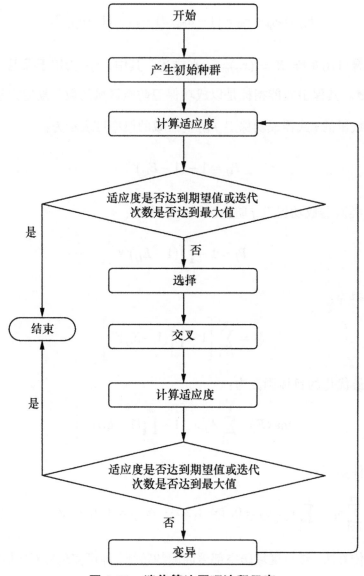

图 4-10 遗传算法原理流程示意

1. 改进的哈里斯鹰优化算法

基于双向经验引导与极端个体调控的哈里斯鹰优化算法（Based on Bidirectional Experience Guidance and Extreme Individual Regulation HHO Algorithm，BEHHO）是柴岩等人在 2022 年提出的一种改进的 HHO 算法。该算法作为一种群体智能优化算法，继承了 HHO 算法的优化过程。BEHHO 算法通过求解过程的状态转移概率证明其以概率 1 收敛至全局最优解。BEHHO 采用 Circle 混沌映射均匀化初始种群，相应计算采用如下公式。

$$Z = Z_i + a - \mathrm{mod}\left[\frac{b}{2\pi}\sin(2\pi Z_i), 1\right] \qquad \text{式 (4–37)}$$

其中，参数 $a = 0.5$，$b = 0.2$，初始值 $Z_0 \in (0, 1)$。引入双向经验引导策略来强化算法的围捕机制，依托全局最优个体和历史最优个体的进化经验引导个体寻优方向，提升算法的收敛精度，相应的计算公式如下。

$$Z(t+1) = Z(t) + \rho\{r[Z_B(t) - Z(t)] + (1-r)[Z_P(t) - Z(t)]\} +$$
$$\varepsilon[Z_\alpha(t) - Z_\beta(t)] \qquad \text{式 (4–38)}$$
$$\varepsilon = \cos\left(\frac{\pi t}{2T}\right) \qquad \text{式 (4–39)}$$

其中，ρ 是 $[-1, 1]$ 的随机数，r 是 $[0, 1)$ 区间内的随机数，$Z_B(t)$ 是当代最优个体，$Z_P(t)$ 为历史最优个体，$Z_\alpha(t)$ 和 $Z_\beta(t)$ 为互不相同的随机个体。

在种群迭代无法跳出局部最优的时候，考虑到极端个体对全局更新过程的重要影响，利用 t-分布变异最优个体来避免算法陷入局部极值区，增强了种群的多样性，相应的计算公式如下。

$$Z_B'(t) = Z_B(t) + DT(t) \otimes Z_B(t) \qquad \text{式 (4–40)}$$

其中，$Z_B(t)$ 为当代最优个体，$Z_B'(t)$ 为 t-分布变异后的最优解，$DT(t)$ 是以迭代次数 t 为自由度的 t-分布。同时，依据动态反向学习，产生最差个体的反向解来提升最差个体质量，相应的计算公式如下。

$$Z_W'(t) = r_W(\mathrm{up} - \mathrm{down}) - Z_W(t) \qquad \text{式 (4–41)}$$

其中，$Z_W(t)$ 为当前最差个体，r_W 是 $[0, 1)$ 区间内的随机数，$Z_W'(t)$ 为反向学习后的最差个体。BEHHO 算法也是根据逃逸能量因子 E 的选择，进入对应阶段。相应计算采用如下公式。

$$E = 2r_e\left(1 - \frac{t}{T}\right) \qquad \text{式 (4–42)}$$

其中，t 为当前迭代次数，T 是最大迭代次数，r_e 为 $[-1, 1]$ 区间内的随机数。

（1）探索过程

当 $|E| \geqslant 1$ 时，通过两种策略找到目标：

$$Z(t+1) = \begin{cases} Z_r(t) - r_1|Z_r(t) - 2r_2 Z(t)|, & q \geqslant 0.5 \\ [Z_b(t) - Z_m(t)] - r_3[\text{down} + r_4(\text{up} - \text{down})], & q < 0.5 \end{cases} \qquad \text{式 (4-43)}$$

其中，$Z(t)$ 为当前个体的迭代位置，$Z(t+1)$ 是下一次迭代时的个体位置，t 为迭代次数，$Z_r(t)$ 是第 t 次迭代时，选取的随机个体位置。r_1、r_2、r_3、r_4 都是 $[0,1]$ 区间内的随机数，$Z_b(t)$ 为拥有最优适应度的目标位置，$Z_m(t)$ 为目标平均位置，up 和 down 分别为搜索空间最大和最小边界值。

（2）开发阶段

该阶段分为 4 种不同的搜索方式进行围捕。

① 当 $|E| \geqslant 0.5$ 且 $n \geqslant 0.5$ 时，采用如下公式进行计算。

$$Z(t+1) = Z_b(t) - Z(t) - E|JZ_b(t) - Z(t)| \qquad \text{式 (4-44)}$$

其中，$J = 2 \times (1 - r_5)$ 为逃逸能力，n 为逃逸因子，r_5 为 $[0,1]$ 区间内的随机数。

② 当 $|E| < 0.5$ 且 $n \geqslant 0.5$ 时，采用如下公式进行计算。

$$Z(t+1) = Z_b(t) - E|Z_b(t) - Z(t)| \qquad \text{式 (4-45)}$$

③ 当 $|E| \geqslant 0.5$ 且 $n < 0.5$ 时，采用如下公式进行更新。

$$Z(t+1) = \begin{cases} Y_s f(Y_s) < f[Z(t)] \\ X_s f(Z_s) < f[Z(t)] \end{cases} \qquad \text{式 (4-46)}$$

$$Y_s = Z_b(t) - E|JZ_b(t) - Z(t)| \qquad \text{式 (4-47)}$$

$$X_s = Y_s + V \times LF(\text{dim}) \qquad \text{式 (4-48)}$$

其中，V 是大小为 $1 \times \text{dim}$ 的随机向量，dim 是问题的维度，LF 为莱维飞行的数学表达式。

④ 当 $|E| < 0.5$ 且 $n < 0.5$ 时，执行如下公式进行更新。

$$Z(t+1) = \begin{cases} Y_h f(Y_h) < f[Z(t)] \\ X_h f(Z_h) < f[Z(t)] \end{cases} \qquad \text{式 (4-49)}$$

$$Y_h = Z_b(t) - E|JZ_b(t) - Z_m(t)| \qquad 式 (4\text{-}50)$$

$$X_h = Y_h + V \times LF(\text{dim}) \qquad 式 (4\text{-}51)$$

2. 基于模拟退火的 BEHHO 混合算法

模拟退火算法是一种随机寻优的方法，从改进局部搜索算法出发，试图搜索优化问题的全局最优解。

由下列公式计算接收 x' 的概率 $P_{x'}$，如果 $P_{x'}$ 小于当前温度 T 下产生的随机值 $r_T \in [0,1]$，则不更新当前解，否则，更新当前解。

$$P_{x'} = \begin{cases} 1, & \Delta f \leqslant 0 \\ e^{-\Delta f}, & \Delta f > 0 \end{cases} \qquad 式 (4\text{-}52)$$

$$\Delta f = f(x') - f(x) \qquad 式 (4\text{-}53)$$

其中，x 是某温度 T'_{SA} 时的一个状态对应的解，x' 为 x 邻域内的随机解。

模拟退火算法的终止满足以下两项中的一项即可。

① 在相同温度下，经过 K 次迭代最优解，而当前最优解不发生变化。

② 当前温度 T'_S 低于设定的最低温度 $T_{\min}$，可以视为本次退火过程结束，退出循环。

为了进一步提高算法收敛速度，引入一种精英约束策略。通过筛选高质量的候选解进入迭代过程的方式提高算法的收敛速度。

该策略受到精英策略的启发，利用当前种群中的精英个体对种群整体进化方向进行引领，提高算法的收敛速度。在使用公式得到最优个体适应度之前，与预设适应度阈值 τ 进行比较，τ 值的设定应综合考虑实际应用运行时间、求解效果等因素。如果当前个体的适应度值 $f[X(t)] > \tau$，则该个体视为精英个体，否则，视为普通个体。随后进行变异，把模拟退火机制引入 BEHHO 优化算法中，在每次 BEHHO 迭代结束时，使用模拟退火算法（Simulated Annealing，SA）改进当前最佳解决方案，提高算法的收敛速度和精度，从而为求解反制资源规划分配模型提供有力支撑。

4.3.3 基于强化学习的协同反制在动态决策中的应用

1. 多反制单元协同动态目标分配问题描述

多反制单元协同动态目标分配问题是动态决策问题。假设反制方共有 N 个不同类型的反制单元，第 $i = \{1, 2, \cdots, N\}$ 个反制单元有 0_i 个火力单元，每个安防阵地每次能够提供最大数量的打击力量为 F_i，实际数量为 T_i。假设来袭无人机集群共有 j_M 个不同类型的无人机，其中，$j = \{1, 2, \cdots, N\}$ 类型有 M 架无人机。双方的作战变化导致了环境的动态不确定性，高动态的集群攻防对决策的最优性与实效性提出了极高的要求，其复杂多变的攻防态势需要进行多次在线决策与分配。

2. 深度强化学习算法介绍

策略梯度算法使用参数 θ 来近似化策略 $\pi_\theta(s)$，通过最大化智能体所获得的累积回报值来更新策略参数 θ，最终获得最优策略 $\pi_{\theta*}(s)$，从而通过最优策略完成具体的任务。当策略 $\pi_\theta(s)$ 由参数 θ 建模完成后，需要建立关于参数 θ 的目标函数 $R(\theta)$，从而利用基于梯度的优化算法，不断优化目标函数 $R(\theta)$ 来更新参数 θ，得到最优策略参数 θ^*，进一步得到最优策略 $\pi_{\theta*}(s)$。

在强化学习中，用 $\tau = \{s_1, a_1, s_2, a_2, \cdots, s_t, a_t\}$ 表示每次仿真的状态-行为序列。在给定参数 θ 时，可以计算某个轨迹 τ 发生的概率，即 $P_\theta(\tau) = p(s_1) \prod_{t=1}^{T} p_\theta(a_t|s_t) p(s_{t+1}|s_t, a_t)$。深度强化学习示例如图 4-11 所示。

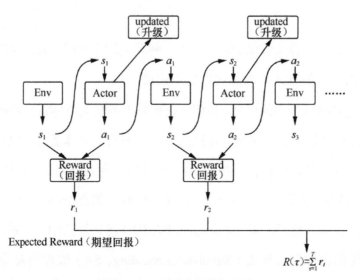

图 4-11 深度强化学习示例

强化学习的目标是最大化智能体所获得的累积回报。因此，策略梯度算法的目标函数可以设置为不同轨迹出现的概率 $p_\theta(\tau)$ 和该轨迹的回报值 $R(\tau)$ 乘积的期望值，即：

$$\bar{R}(\theta) = \sum_\tau R(\tau) p_\theta(\tau) = E_{\tau \sim p_\theta(\tau)}[R(\tau)] \qquad \text{式 (4-54)}$$

使用梯度上升来最大化期望奖励。策略目标函数 $\bar{R}(\theta)$ 对参数 θ 求偏导可得：

$$\nabla \bar{R}(\theta) = \sum_\tau R(\tau) \nabla p_\theta(\tau) = \sum_\tau R(\tau) p_\theta(\tau) \frac{\nabla p_\theta(\tau)}{p_\theta(\tau)} \qquad \text{式 (4-55)}$$

由求导公式 $\nabla f(x) = f(x) \nabla \log f(x)$，可将上式简化为：

$$\nabla \bar{R}(\theta) = \sum_\tau R(\tau) p_\theta(\tau) \nabla \log p_\theta(\tau)$$

$$= \mathbb{E}_{\tau \sim p_\theta(\tau)}[R(\tau) \nabla \log p_\theta(\tau)] \qquad \text{式 (4-56)}$$

使用目标策略 $\pi(\theta)$ 随机采样 N 条轨迹 τ，通过估计得到梯度，具体算法如下。

$$\nabla \bar{R}(\theta) \approx \frac{1}{N} \sum_{n=1}^{N} R(\tau^n) \nabla \log p_\theta(\tau^n)$$

$$= \frac{1}{N} \sum_{n=1}^{N} \sum_{t=1}^{T_n} R(\tau^n) \nabla \log p_\theta(a_t^n | s_t^n) \qquad \text{式 (4-57)}$$

为了解决奖励总是正的问题，将奖励减去常数 b，引入基线之后的策略梯度的表达式为：

$$\nabla \bar{R}(\theta) \approx \frac{1}{N} \sum_{n=1}^{N} \sum_{t=1}^{T_n} [R(\tau^n) - b] \nabla \log p_\theta(a_t^n | s_t^n) \qquad \text{式 (4-58)}$$

接下来更进一步，把未来的奖励做一个折扣，即

$$\nabla \bar{R}(\theta) \approx \frac{1}{N} \sum_{n=1}^{N} \sum_{t=1}^{T_n} \left(\sum_{t'=t}^{T_n} \gamma^{t'-t} r_{t'}^n - b \right) \nabla \log p_\theta(a_t^n | s_t^n) \qquad \text{式 (4-59)}$$

可得策略参数的更新公式为：

$$\theta \leftarrow \theta + \eta_\theta \nabla \bar{R}(\theta) \qquad \text{式 (4-60)}$$

3. 近端策略优化算法

近端策略优化（Proximal Policy Optimization，PPO）算法是一种基于 Actor-Critic 算法的改进算法。经典的 Actor-Critic 算法是一种在线的算法，这导致智能体无法

重复利用之前与环境交互得到的经验，影响了网络学习的效率。深度确定性策略梯度算法通过将 Actor-Critic 算法的随机策略改为确定性策略，成功解决了上述问题，但也导致了探索性不强等问题。PPO 算法利用重要性采样的思想，使其具备了随机策略梯度算法强探索性的特点。

对概率分布进行采样，计算其期望值，具体计算方法如下。

$$\mathbb{E}_{x\sim p}[f(x)] \approx \frac{1}{N}\sum_{i=1}^{N} f(x^i) \qquad \text{式 (4-61)}$$

假设不能从分布 p 中进行数据采样，只能从另外一个概率分布 q 中采样，则有下式成立：

$$\int f(x)p(x)\mathrm{d}x = \int f(x)\frac{p(x)}{q(x)}q(x)\mathrm{d}x = \mathbb{E}_{x\sim q}\left[f(x)\frac{p(x)}{q(x)}\right] \qquad \text{式 (4-62)}$$

进而可以得到：

$$E_{x\sim p}[f(x)] = \mathbb{E}_{x\sim q}\left[f(x)\frac{p(x)}{q(x)}\right] \qquad \text{式 (4-63)}$$

虽然可以把 p 换成任何的 q，但在实现上，p 和 q 的差距不能太大：

$$Var_{x\sim p}[f(x)] = \mathbb{E}_{x\sim p}[f(x)^2] - (\mathbb{E}_{x\sim p}[f(x)])^2 \qquad \text{式 (4-64)}$$

$$Var_{x\sim q}\left[f(x)\frac{p(x)}{q(x)}\right] = \mathbb{E}_{x\sim q}\left\{\left[f(x)\frac{p(x)}{q(x)}\right]^2\right\} - \left\{\mathbb{E}_{x\sim q}\left[f(x)\frac{p(x)}{q(x)}\right]\right\}^2$$

$$= \mathbb{E}_{x\sim p}\left[f(x)^2\frac{p(x)}{q(x)}\right] - \{\mathbb{E}_{x\sim p}[f(x)]\}^2 \qquad \text{式 (4-65)}$$

因此，在采样次数不够多的情况下，它们的方差差距较大，可能得到的结果差别也非常大。

进一步，将重要性采样用在异策略的情况中，把同策略训练的算法改成异策略训练的算法。假设 Actor 网络的参数为 θ，可以利用另外一个网络对 θ' 进行采样并收集数据，将数据交给 Actor 网络训练。关于策略梯度的计算方式如下。

$$\nabla \bar{R}_\theta = \mathbb{E}_{\tau\sim p_\theta(\tau)}[R(\tau)\nabla\log p_\theta(\tau)] = \mathbb{E}_{\tau\sim p_{\theta'}(\tau)}\left[\frac{p_\theta(\tau)}{p_{\theta'}(\tau)}R(\tau)\nabla\log p_\theta(\tau)\right] \qquad \text{式 (4-66)}$$

实际在做策略梯度的时候，并不存在 τ 一样的分数，而是将每个状态—动作对分开计算。因为 θ' 和 θ 是不同的模型，所以要有一个修正项。这个修正项的计算，则是利用重要性采样的技术，把 s_t、a_t 用 θ 采样出来的概率除以 s_t、a_t 用 θ' 采样出来的概率。实际更新梯度的过程可写为：

$$\begin{aligned}
\nabla \bar{R}_\theta &= \mathbb{E}_{(s_t, a_t) \sim \pi_\theta}[A^\theta(s_t, a_t) \nabla \log p_\theta(a_t^n | s_t^n)] \\
&= \mathbb{E}_{(s_t, a_t) \sim \pi_{\theta'}}\left[\frac{p_\theta(s_t, a_t)}{p_{\theta'}(s_t, a_t)} A^\theta(s_t, a_t) \nabla \log p_\theta(a_t^n | s_t^n)\right]
\end{aligned}$$
式 (4-67)

其中，$A^\theta(s_t, a_t)$ 是优势函数，定义为 $A^\theta(s_t, a_t) = Q(s_t, a_t) - V(s_t)$。

根据条件概率的定义：

$$p_\theta(s_t, a_t) = p_\theta(a_t | s_t) p_\theta(s_t)$$
式 (4-68)

$$p_{\theta'}(s_t, a_t) = p_{\theta'}(a_t | s_t) p_{\theta'}(s_t)$$
式 (4-69)

然后有：

$$\nabla \bar{R}_\theta = \mathbb{E}_{(s_t, a_t) \sim \pi_{\theta'}}\left[\frac{p_\theta(a_t | s_t)}{p_{\theta'}(a_t | s_t)} \frac{p_\theta(s_t)}{p_{\theta'}(s_t)} A^{\theta'}(s_t, a_t) \nabla \log p_\theta(a_t^n | s_t^n)\right]$$
式 (4-70)

此时，Actor 网络的损失函数为：

$$J^{\theta'}(\theta) = \mathbb{E}_{(s_t, a_t) \sim \pi_{\theta'}}\left[\frac{p_\theta(a_t | s_t)}{p_{\theta'}(a_t | s_t)} A^{\theta'}(s_t, a_t)\right]$$
式 (4-71)

通过重要性采样，可以把同策略换为异策略，但重要性采样有一个问题，如果 $p_\theta(a_t | s_t)$ 与 $p_{\theta'}(a_t | s_t)$ 相差太多，即这两个分布相差太多，重要性采样的结果就会不符合预期。由上述分析可知，利用重要性采样定理的思想，Actor 旧策略网络（即 Actor-old 网络）采集的数据也可用于 Actor 策略网络的更新中。由于重要性采样定理在样本较少的情况下，会造成概率分布期望值不相等的问题，所以策略网络的变化幅度不能过大。为了解决上述问题，PPO 算法使用 clip 函数来限制策略函数的更新幅值。

此时，Actor 网络的损失函数修正为：

$$J_{\mathrm{PPO}_2}^{\theta^k}(\theta) \approx \sum_{(s_t, a_t)} \min\left\{\frac{p_\theta(a_t | s_t)}{p_{\theta^k}(a_t | s_t)} A^{\theta^k}(s_t, a_t), \mathrm{clip}\left[\frac{p_\theta(a_t | s_t)}{p_{\theta^k}(a_t | s_t)}, 1 - \varepsilon, 1 + \varepsilon\right] A^{\theta^k}(s_t, a_t)\right\}$$
式 (4-72)

其中，θ^k 为 Actor-old 网络的参数，ε 为裁剪因子，一般取值为 0.2，其作用是限制新旧策略函数比值，使新旧策略差别不能太大。

4.4 小结

本章阐述了低空无人机集群反制的多种样式，包括干扰阻断、临检拿捕、监测控制，以及打击毁伤等。其中，博弈驱动的协同反制技术通过对反制作战要素的分析和双方博弈的建模，结合反制资源分配方案的设计，实现更为高效的反制。另外，针对低空无人机集群反制协同决策技术，探讨了基于遗传算法的区域作战规划，基于哈里斯鹰优化算法的反制预案生成，以及强化学习的动态决策。

4.5 课后习题

1. 低空无人机集群有几种反制样式？请简要描述并分别列举主要方式或技术。

2. 假设在低空无人机集群反制场景下，建立一个表征无人机集群博弈过程的数学模型。

3. 请概述应用于无人机集群对抗环境中的 MADDPG 算法网络结构。

4. 请概述区域防空部署应用的研究流程。

5. 请简述基于强化学习的协同反制动态决策算法。

第5章 面向低空无人机集群的反制效能评估

低空无人机集群的反制效能评估在低空安防中扮演着至关重要的角色，其目标在于提供综合而深入的对策性能分析，以确保有效应对潜在威胁。全域综合评估的核心涵盖认知域、信息域和物理域3个方面，以实现对低空无人机集群反制技术的效能评估，为低空安防决策提供重要参考信息，同时作为持续提升反制效能的关键反馈机制。

首先，通过全面分析低空无人机集群反制评估的关键要素，综合考虑已知评估要素及3项低空无人机集群反制效能评估准则，系统性地构建评估量化指标。然后，深入分析各项指标，提出全域综合评估技术体系。最后，通过对低空无人机集群反制的多层面评估，实现对战场情境的深入建模。在认知域，评估技术体系能够分析反制系统对于感知、识别和判断的影响；在信息域，重点关注反制系统对于情报收集、处理和传递的优化效果；在物理域，评估技术体系则致力于评估反制技术的实际应用效果。这种全域综合评估的方法为低空无人机集群反制提供了全方位的性能量化技术，为决策者提供了有力的决策支持。

5.1 低空无人机集群反制效能评估要素

无人机集群在现代战场上已经成为一种常见的威胁形态，能够执行侦察、打击、干扰等任务，具有高度的灵活性和隐蔽性，能够对防空系统造成巨大的压力和威胁。为了有效应对无人机集群的攻击，必须对无人机集群的反制效能进行科学评估，从而了解当前无人机集群的威胁水平及其可能的战术和技术特点，以便提高无人机集群的反制能力和反制水平。通过了解反制系统的侦测、干扰和防御能力，可以针对无人机集群的特点和作战方式，优化防空系统的配置和部署，提高防空能力，增强对无人机集群的反制能力。

本节主要介绍了低空无人机集群反制效能评估要素。这些要素主要包括 3 个方面：一是对无人机集群的侦测能力；二是对无人机集群反制决策能力；三是对无人机集群的毁伤能力。这 3 个方面分别涉及反制系统在发现、识别、干扰和摧毁无人机集群的关键环节和相关技术指标。通过对这些要素的评估，可以全面了解低空反制无人机集群的效能状况，从而为反制系统的建设和优化提供有力的理论支撑和技术指导，最终实现有效抵御无人机集群攻击的目标。低空无人机集群反制效能评估要素总体框架如图 5-1 所示。

5.1.1 侦测能力评估要素

1. 探测感知能力

评估面向低空无人机集群的反制系统对无人机集群的目标探测能力，涉及评估系统的探测范围、探测灵敏度和探测速度等。

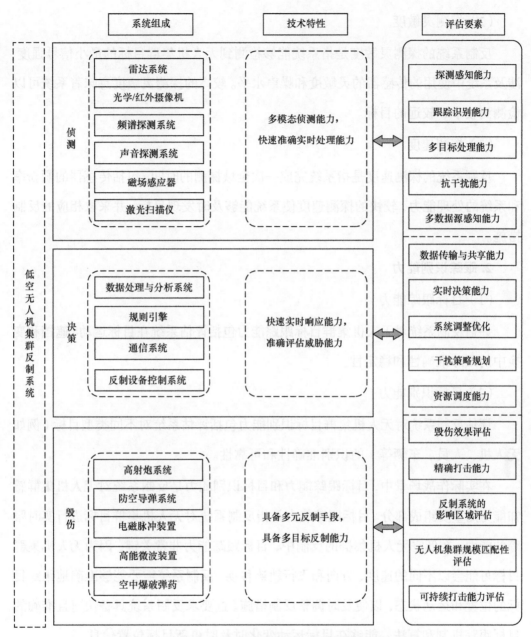

图 5-1　低空无人机集群反制效能评估要素总体框架

（1）探测范围

反制系统的探测范围是指系统可以有效监测无人机集群目标的最大距离。这取决于系统使用的具体传感器类型和性能。例如雷达系统具有较大的探测范围。

（2）探测灵敏度

反制系统的探测灵敏度是指系统能够检测到无人机集群目标的最小信号强度，涉及系统中使用的传感器的灵敏度和噪声水平。较高的探测灵敏度意味着系统可以检测到较小、较远的目标。

（3）探测速度

反制系统的探测速度是指系统完成一次全域探测的时间，包括传感器的刷新率和系统的处理能力，较快的探测速度使系统能够及时发现目标，并采取相应的反制措施。

2. 跟踪识别能力

（1）目标跟踪能力

评估反制系统对无人机集群目标跟踪能力包括评估系统在目标运动、遮挡和变换中的跟踪准确性和稳定性。

（2）目标识别能力

评估反制系统对无人机集群目标识别能力包括评估系统对不同类型目标（例如无人机、人员、车辆等）的识别准确性和可靠性。

在实际作战场景中，目标跟踪能力和目标识别能力是反制系统对无人机集群感知能力的重要组成部分。目标跟踪能力是指反制系统对无人机集群目标进行实时跟踪的能力。在低空无人机集群的反制中，目标跟踪能力非常关键，因为无人机集群目标可能会以不同的速度、方向和飞行轨迹移动。反制系统需要能够准确地跟踪目标的位置和运动状态，以便及时调整反制措施。这要求反制系统具备快速且准确的目标跟踪机制和算法，能够在目标运动变化时及时更新目标位置信息。

目标识别能力是指反制系统对无人机集群目标进行识别和分类的能力。在低空无人机集群的反制中，目标识别能力可以帮助反制系统区分无人机集群目标和其他非威胁目标，例如区分无人机、人员和车辆。这种能力对于决策制定和精确打击至关重要。反制系统可以使用各种传感器和算法来提取目标的特征信息，例如形状、大小、热特征、运动模式等。通过对这些特征进行分析和匹配，反制系统可以确定目标的类别，并做出相应的反制决策。

在实际场景中，目标跟踪能力和目标识别能力通常需要结合多种传感器和算法来实现。例如使用雷达、摄像头、红外传感器等多种传感器协同工作，配合目标跟踪算法和目标识别算法，实现对无人机集群目标的准确跟踪和识别。这样的综合能力可以提高反制系统对无人机集群的感知能力，增强对潜在威胁的察觉和应对能力。

3. 多目标处理能力

评估反制系统对多个无人机集群目标的处理能力，包括评估系统在处理多个目标时的效率、优先级设置和资源分配等。

在反制低空无人机集群的实际作战场景中，多目标处理能力是指反制系统能够同时处理和应对多个无人机集群目标的能力。考虑到低空无人机集群作战时可能涉及多个无人机同时发起攻击或侦察行动，反制系统需要具备处理多个目标的能力，从而可以有效应对复杂的作战环境。

（1）多目标跟踪和定位

反制系统需要能够同时跟踪和定位多个无人机集群目标的位置和运动状态。这要求系统具备高效的目标跟踪算法和传感器融合技术，以实时获取目标的位置、速度和航向等信息。通过多目标跟踪和定位，反制系统可以实现对整个无人机集群的态势感知，从而更好地应对多目标威胁。

（2）目标优先级设置和资源分配

在面对多个无人机集群目标时，反制系统需要能够根据目标的威胁级别或其他因素设置优先级，并合理分配资源和反制手段，涉及对不同目标的评估和权衡，以确定哪些目标是最紧迫和最重要的。通过灵活的目标优先级设置和资源分配，反制系统能够优先处理具有最高威胁级别的目标，提高反制效能。

（3）多目标反制决策和执行

反制系统需要能够基于对多个目标的综合分析和评估，做出准确的反制决策并执行相应的反制措施，使用不同的反制手段，例如电子干扰、火力拦截、干扰信号发送等。

（4）信息交互和协同作战

在低空无人机集群反制作战中，多目标处理能力还涉及反制系统与其他系统或平台的信息交互和协同作战能力，包括与监控系统、指挥控制系统，以及其他反制平台的信息共享和协同行动，以实现高效的目标处理和反制行动。

在低空无人机集群的实际反制作战场景中，多目标处理能力对于系统的整体性能和效果至关重要。通过同时处理和应对多个目标，反制系统可以全面、及时地感知和应对威胁，提高作战效能和保障成功执行反制任务。

4. 抗干扰能力

评估反制系统对环境干扰和对抗手段的抗干扰能力，包括评估系统在面对电子干扰、信号干扰和器件干扰等情况下的性能表现。

在低空无人机集群的实际反制作战场景中，抗干扰能力是指反制系统能够有效应对各种干扰手段和技术，确保其正常运行和有效执行反制任务。考虑到当前无人机集群技术的快速发展和不断演进，潜在的干扰手段也在不断增多，反制系统需要具备强大的抗干扰能力应对这些挑战。

（1）电子干扰抵抗能力

针对无人机集群采用的通信和导航系统，抗干扰能力涉及反制系统抵御电子干扰的方法，包括对干扰信号的识别、抑制和抵消，以确保反制系统通信链路和导航功能不受干扰。反制系统可以采用智能信号处理技术、自适应滤波算法和干扰抵消方法，以提高抵抗电子干扰的能力。

（2）光学干扰抵抗能力

面对无人机集群的光学传感器或视觉系统，抗干扰能力涉及反制系统应对光学干扰，例如激光束干扰、闪光干扰等方法。反制系统可能采用光学滤波器、反射屏蔽材料或自适应光学系统，以减弱或消除干扰光源对传感器的影响，保证对目标的准确感知和实时跟踪。

（3）高动态环境适应能力

在低空无人机集群作战中，存在快速移动和频繁变换目标的情况，反制系统需要具备适应高动态环境的能力，包括对快速移动目标的跟踪和定位能力，以及对目标动态变化的感知和应对能力。高动态环境适应能力要求反制系统能够在快速变化的作战环境中保持稳定和准确的目标感知和反制效果。

（4）数据完整性和安全性

抗干扰能力还涉及反制系统确保数据的完整性和安全性，防止未经授权的访问或篡改的能力，包括对通信链路和数据传输过程的加密、认证和防护，以防止干扰者获取或篡改反制系统的关键信息，从而影响其正常运行或反制效果。

（5）自适应和智能化

抗干扰能力还需要反制系统具备自适应和智能化的特性，能够根据作战环境和干扰手段的变化，自动调整和优化反制策略，涉及使用机器学习、人工智能等技术，以实现对干扰手段的自动识别和对抗策略的自适应调整，提高抗干扰能力的灵活性和效果。

5. 多数据源感知能力

无人机集群反制流程中的目标感知是确保反制作战效果的关键环节之一。在面对日益复杂的无人机集群威胁时，多样化的数据源提供了充分的信息基础，有助于指挥人员更好地理解无人机集群的能力、意图和作战策略。

通过拦截和解码无人机集群的通信信号，可以揭示其指挥与控制结构、指令传递方式和行动计划。人工侦察是另一关键手段，能够实地观察无人机集群的实际情况，包括部署位置和活动模式，从而提供真实且实时的信息。同时，遥感技术通过卫星和无人机等平台获取高分辨率图像，揭示无人机集群的位置和数量，为情报搜集提供了空中视角。

电子侦察是一种通过截获、监测和分析无线电频率信号的方法，从中获取有关无人机集群的信息。这些信号可能来自无人机集群的通信、导航、雷达、控制和传感器系统等。通过电子侦察，反制系统能够深入了解无人机集群的指挥与控制结构、通信模式和频率，以及其作战行为。

卫星图像和遥感数据可以提供关于无人机集群的地理位置、设施部署、活动区域等信息。高分辨率的卫星图像能够捕捉到一些细节设备，例如无人机停机坪、发射装置等。这种信息有助于了解无人机集群的基地和活动模式。通过卫星图像，指挥人员可以实时监测无人机集群的位置和数量，识别潜在的活动区域，以及预测可能的作战路径。另外，卫星图像还可以用于比对检测无人机集群活动的变化和趋势，为情报分析提供数据支持。

特种部队和战地情报人员可以通过实地侦察等方式获取关于无人机集群的实时情报，监视无人机集群的移动路径、作战行为，甚至可能获取敌方的技术信息。这种实时情报对于快速作战决策非常重要。分析这些信息可以提供有关无人机集群的动态变化、意图和意见等线索。

然而，为了确保情报的准确性和可靠性，必须仔细选择和验证数据源，以避免错误的情报分析对作战决策产生负面影响。因此，在无人机集群反制中，情报搜集的多样化数据源是取得成功的关键之一。

（1）运动预测与行为分析

通过持续跟踪，反制系统可以预测无人机集群的运动轨迹和行为模式。这有助于判断其可能的行动意图，从而更好地准备反制措施。如果目标改变了运动模式，则系统需要及时调整跟踪策略。

（2）目标分类与识别

在跟踪过程中，作战团队可能会进一步对目标进行分类和识别，包括判断目标的型号、大小、载荷、任务等特征。目标分类和识别有助于更好地了解无人机集群的能力和威胁程度。

5.1.2 决策能力评估要素

1. 数据传输与共享能力

目标检测与跟踪的结果需要及时传输和共享，以便其他反制单元了解目标的状态和位置。这可能涉及与其他反制人员、指挥中心，以及情报机构之间的数据共享和协作。

从多个来源获得的信息需要进行整合和分析，以形成更全面、准确的情报图像。反制系统通过整合各种数据，找到模式、趋势和关联，实现对无人机集群作战行为和意图的理解。这些分析有助于为后续作战阶段提供信息支持。同时，感知获取的数据可能来自不同的渠道，而且可能存在误导性信息。反制系统需要对收集到的情报信息进行验证，确保其真实性和可靠性，通过交叉验证、信源评估等方法，以保证最终数据具有较高的可信度。另外，基于信息感知获得的信息，反制系统可以进行威胁评估，确定无人机集群的能力、弱点和威胁程度，有助于制订作战计划和反制战术。同时，感知获取的信息也可以为作战行动的优先级和战术选择提供指导。

2. 实时决策能力

目标检测与跟踪阶段为实时决策提供了基础。反制系统根据目标跟踪结果，实时评估威胁程度，然后采取相应的反制措施，包括干扰手段、防空火力单元、电子战行动等。

目标检测与跟踪阶段通常需要跨领域的协作。感知数据来自不同的传感器和情报，反制系统需要将其进行融合分析，以确保数据的准确性和有效性。随后，反制系统将基于感知信息，制定反制方案，包括部署方式、干扰手段、反制武器选择、行动时机等。反制方案需要综合考虑无人机集群的性能特点、行为模式，以及可能出现的变化。

3. 系统调整优化

在目标检测与跟踪阶段，无人机集群的行动可能是动态变化的。反制系统需要能够随时调整和优化跟踪策略，以应对突发情况和敌方的变化。在反制方案的制定阶段，信息获取不是一次性的，而是随时可能发生变化的。反制系统需要持续更新数据，以确保作战计划的准确性和适应性。

反制方案的制定过程是一项复杂的任务，需要综合考虑多个因素。首先，需要分析情报，了解无人机集群的技术特征、部署位置和作战模式。这有助于确定其可能的意图和目标。然后，需要综合分析现有的反制资源和能力，制定适应性较强的反制作战策略，包括部署反制设备、选择适当的作战单元、制定合理的行动路线等。

反制方案的制定还需要考虑反制行动的时机和地点。基于情报分析，反制系统需要确定最佳的反制时机，以充分抓住敌方无人机集群的弱点。同时，选择反制地点也需要综合考虑地形、气候、交通等因素，以确保反制行动的成功和保护区域的安全。

在反制方案制定的过程中，反制系统还需要考虑指挥与控制结构，确保信息传递流畅和作战单元之间协同配合，涉及指挥中心的设立、通信网络的建立和人员之间的协调。另外，需要考虑风险评估和后续行动的预案，以应对意外情况和可能的反应。

4. 干扰策略规划

针对无人机集群的通信、导航、控制等，制定干扰策略是极其重要的一步。可以使用电子战手段，干扰集群通信信号，使无人机集群失去控制或无法执行任务。干扰策略需要考虑到对无人机集群的影响，以及是否需要隐蔽行动以防止被敌方察觉。在反制部署阶段，需要决定如何配置和部署反制装备，包括选择合适的干扰设备、摧毁武器、侦察工具等。同时，部署决策需要考虑到无人机集群的数量、类型，以及可能的反应。

5. 资源调度能力

确保所需的人力、反制资源和技术资源是反制方案制定阶段的一项关键任务。必要的资源涉及特种装备、电子战设备、火力打击系统、侦察工具等。资源的充分准备和调配确保了作战行动的顺利进行。

5.1.3　毁伤能力评估要素

1. 毁伤效果评估

评估反制系统对无人机集群的毁伤效果，包括反制系统能否有效地对无人机集群中的无人机造成损坏、摧毁或失去控制，从而使其无法继续执行任务或造成威胁。

（1）毁伤程度

评估反制系统对无人机集群目标的破坏程度，包括判断无人机是否受到损坏、被击落或失去导航和控制能力。通过评估无人机的受损程度，可以确定反制系统对目标的毁伤效果。

（2）毁伤可持续性

评估反制系统对无人机集群的毁伤能力是否具有可持续性，包括反制系统是否能够连续对无人机集群目标进行打击，以确保其失去作战能力。评估反制系统的弹药供应、能源消耗和系统可靠性，以确定其在长时间作战中的持续毁伤能力。

（3）影响范围

评估反制系统对无人机集群的影响范围，包括反制系统的有效射程和打击范围，以及其对周围环境和人员的潜在影响。评估反制系统的作用范围，确定其能够有效控制和破坏无人机集群的具体范围。

（4）打击效果验证

评估反制系统的打击效果是否符合预期，包括对打击效果进行实地验证和分析，确保反制系统在实际作战中能够达到预期的毁伤效果。评估可能涉及目标的摄像头记录、打击痕迹和无人机残骸等证据。

2. 精确打击能力

评估反制系统对无人机集群目标的精确打击能力。具体包括反制系统能否准确击中无人机目标，避免误伤无关目标或造成不必要的损害。

在低空无人机集群的实际反制作战场景中，精确打击能力是评估反制系统性能的关键指标，直接反映反制系统对无人机集群目标进行准确打击的能力。由于无人机集群是由多架无人机组成的复杂系统，所以其快速移动、机动灵活的特性使传统的打击方式难以奏效。更为棘手的是，无人机集群中的个体可能具有较小的目标特征，这无疑增加了实施精确打击的难度。无人机集群在实际作战中与精确打击能力相关联的几个具体特点的详细说明如下。

（1）目标识别与跟踪

精确打击能力首先要求反制系统能够准确地识别和跟踪无人机集群目标，可能涉及使用各种传感器技术（例如雷达、光学、红外等）来获取目标信息，并利用目标识别算法进行目标分类和识别，区分无人机目标与其他飞行物体或干扰背景。

（2）火控系统与武器精度

精确打击能力还依赖于反制系统的火控系统和武器精度。火控系统应具备高精度的目标定位和跟踪能力，确保反制武器能够准确瞄准目标。反制系统所使用的武器（例如导弹、激光等）应具备足够的精度，在目标范围内实现精确打击，避免误伤无关目标。

（3）反制系统响应速度

精确打击要求反制系统具备快速响应能力。由于无人机集群中的无人机可以快速移动，所以反制系统需要能够迅速调整火控参数，计算弹道轨迹，并实施精确打击。较快的响应速度可以提高反制系统对无人机集群的命中率和打击效果。

（4）抵御干扰

在面对无人机集群采用的干扰手段时，反制系统的抗干扰能力也是实现精确打击的关键因素之一。无人机集群可能使用干扰设备（例如电子干扰、烟雾干扰等）来干扰反制系统的传感器和通信系统。反制系统需要具备抗干扰能力以抵御干扰产生的误判和误操作，保持对目标的精确打击能力。

综上所述，精确打击能力在低空无人机集群的实际反制作战中至关重要。通过准确识别和跟踪目标，利用精确的火控系统和武器精度、快速响应能力，以及有效的抗干扰能力，反制系统能够实现对无人机集群目标的精确打击，最大限度地提高作战效果，并降低误伤和减少不必要的损害。

3. 反制系统的影响区域评估

反制系统的影响区域评估包括反制系统的有效射程、打击范围和影响范围，以及对周围环境和人员的潜在影响。

在低空无人机集群的实际反制作战场景中，毁伤范围和影响区域评估是评估反制系统对无人机集群造成破坏和对周围环境、人员潜在影响的过程。在实际反制作战中，评估毁伤范围和影响区域、精确打击和控制能力，以及环境适应性的具体说明如下。

（1）毁伤范围

评估反制系统的毁伤范围，即反制系统可以有效打击无人机集群的距离和范围，涉及反制系统的有效射程及武器系统的射程和打击范围。反制系统需要具备足够的射程，以便在无人机集群进入其毁伤范围内时能够进行有效反制。

（2）影响区域

评估反制系统对周围环境和人员的潜在影响。在进行毁伤范围评估时，需要考虑反制系统使用的反制武器可能引发的溅射、碎片飞溅或爆炸等效应。评估需要关注反制系统使用的反制武器对周围建筑物、基础设施和周边人员可能造成的损毁或伤害。

（3）精确打击和控制能力

毁伤范围和影响区域评估还需要考虑反制系统的精确度和控制能力。反制系统应具备足够的精确打击能力，在目标区域内实施精确打击，最小化对非目标区域的影响。另外，反制系统需要具备对打击过程进行控制的能力，以确保在反制作战中避免误伤和不必要的破坏。

（4）环境适应性

评估反制系统在不同环境条件下的适应性，地理环境、气象条件等因素会影响反制系统的毁伤范围和影响区域。评估需要考虑这些因素，确保反制系统在各种环境条件下都能够实现预期的毁伤效果，同时减少不必要的环境影响。

4. 无人机集群规模匹配性评估

评估反制系统的毁伤能力与无人机集群规模的匹配性，包括反制系统能否应对不同规模的无人机集群，从小规模的几架无人机到大规模的无人机集群，保持有效的毁伤能力。

在低空无人机集群的实际反制作战场景中，反制能力与无人机集群规模匹配性评估是评估反制系统是否能够有效对抗特定规模的无人机集群的过程。在实际反制作战中，反制能力与无人机集群规模匹配性评估的几个具体指标说明如下。

（1）反制能力与目标数量

评估反制系统是否具备足够的能力同时应对无人机集群中的多个目标。无人机集群由多架无人机组成，数量可能从几架到数十架不等。反制系统需要具备足够的火力和打击速度，以便在短时间内有效地打击多个目标，避免被数量众多的无人机集群压制。

（2）反制能力与目标机动性

评估反制系统是否能够应对无人机集群的高速机动。无人机集群中的无人机通常具有体积小、机动性强的特点，能够快速变换位置和飞行轨迹。反制系统需要具备迅速锁定并跟踪机动目标的能力，并能够在目标机动的情况下实施精确打击。

（3）反制能力与目标多样性

评估反制系统是否能够对不同类型的无人机集群目标进行有效打击。无人机集群可能由不同种类的无人机组成，例如侦察无人机、攻击无人机、干扰无人机等。反制系统能够应对各种类型的目标，选择合适的打击手段和策略。

（4）反制能力与作战需求

评估反制系统的反制能力是否与具体作战需求相匹配。作战需求可能涉及对无人机集群的不同阶段进行干扰、侦察、拦截或摧毁等不同层次的反制行动。反制系统需要根据具体需求进行评估，确定其是否具备相应的反制能力以应对不同的作战需求。

5. 可持续打击能力评估

评估反制系统的可持续打击能力，包括反制系统的装备、弹药和能源供应是否能够支持长时间的连续打击，保持对无人机集群的持续毁伤能力。

在低空无人机集群的实际反制作战场景中，可持续打击能力评估的是反制系统在长时间作战中能否持续有效地对抗无人机集群。在实际反制作战中，可持续打击能力评估的几个具体指标说明如下。

（1）系统供给与维护

评估反制系统的供给与维护需求。反制系统需要足够的供给和支持，包括燃料、弹药、电力、通信等方面，以确保系统在长时间作战中能够持续运行。同时，评估反制系统的维护需求，包括维修、保养、更换零部件等，以确保系统的可靠性和稳定性。

（2）人员持久力

评估操作人员的持久力和疲劳程度。反制系统的操作人员需要长时间保持高度的警觉，以便及时发现、追踪和打击无人机集群。评估人员的工作负荷、轮换制度和休息时间安排，保障他们在长时间作战中具有良好的工作状态和反应能力。

（3）持续打击手段

评估反制系统的打击手段和弹药储备。反制系统需要具备足够的打击手段，包括各类武器系统和弹药，以应对长时间作战中可能出现的各种情况。评估系统的弹药储备和补给能力，确保反制系统能够持续提供有效的反制能力。

（4）指挥与协同能力

评估指挥人员与多反制系统的协同能力。反制低空无人机集群通常需要多个反制系统进行协同作战，需要有高效的指挥和协同机制。评估指挥系统的稳定性、指挥员的能力，以及指挥与协同过程中的信息传递和决策效率，可以确保反制行动在长时间作战中能够持续有效地进行。

5.2　低空无人机集群反制效能评估量化指标

在对低空无人机集群进行反制时，必须综合考虑侦测、决策和毁伤三大关键能力。这三大能力又包含多种反制效能评估要素。为了迅速而准确地评估反制系统的反制效能，必须进一步综合多种评估要素，结合其生存能力、对无人机集群的破坏能力，以及多反制系统联动等方面的影响，得出低空无人机集群反制效能的量化指标。

本节结合低空无人机集群反制效能评估要素，综合分析这些要素对作战的影响，并提出杀伤范围、环境影响，以及成本效益 3 项反制效能评估准则。这 3 项准则充分考虑了全域评估框架下的认知域、信息域和物理域的相互影响。通过结合这些准则，展示了效能评估量化指标的构建过程，并最终得出系统反制效能的量化指标。

5.2.1 效能评估准则

毁伤效能评估准则主要分为杀伤范围、环境影响，以及成本效益3项，具体说明如下。

1. 杀伤范围

在无人机集群反制作战中，反制效能评估是评估所使用的武器或手段对无人机集群造成的损害程度和影响范围的过程。其中，杀伤范围是毁伤效能评估中的一个重要准则。杀伤范围是指反制武器造成伤害的区域范围，即影响到的空间范围，通常以半径、直径或面积来表示。在无人机集群反制作战中，杀伤范围的准确评估对于确定武器选择、作战计划和战术决策具有重要意义。

杀伤范围的大小取决于多种因素，包括所使用的武器类型与弹药特性、目标性质、环境条件等。不同的武器具有不同的威力和杀伤半径，而目标的材料和结构也会影响伤害的程度。目标的环境条件，例如气象、地形等，也会对武器威力的传播等产生影响。

（1）武器类型与弹药特性

不同类型的武器和弹药具有不同的杀伤范围。例如高爆弹通常具有较大的杀伤范围，而穿甲弹可能更注重局部的精确打击。爆炸物的爆炸速度、能量释放和杀伤效应都会影响其杀伤范围。

（2）目标特性

目标的材料、结构和耐久性也会影响杀伤范围的大小。硬质目标可能需要更大的爆炸威力才能产生有效的杀伤效果，而柔软或易燃目标可能会更容易受到破坏。

（3）环境条件

环境条件对于爆炸波的传播和杀伤范围有着重要影响。气象因素（例如风速、气温、湿度）和地形（例如山地、平原、城市）都会影响爆炸波的传播途径和范围。

（4）决策和优化

在无人机集群反制作战中，杀伤范围的评估对于反制武器选择、打击计划和作战决策至关重要。反制系统需要根据目标类型、环境条件和可用的武器，综合考虑杀伤范围等因素，制定合理的决策，以最大程度地实现反制目标。

总之，杀伤范围作为无人机集群反制中的反制效能评估准则之一，对于无人机集群反制效果具有重要影响。在评估杀伤范围时，需要考虑多个因素，例如爆炸波传播、武器特性、目标特性、环境条件等。通过实验和数值模拟，反制系统可以更准确地评估杀伤范围，从而实现高效的战术决策制定。

2. 环境影响

在低空无人机集群反制中，反制效能评估的一个重要准则是环境影响。环境影响是指反制作战行动对周围环境的影响，包括地理环境、气象条件、民用设施和人员安全等方面。在使用反制武器进行打击和摧毁敌方无人机集群时，必须充分考虑环境因素，确保打击效果最优的同时，对环境的不良影响降至最低。环境影响在无人机集群反制效能评估中的具体说明如下。

（1）地理环境

地理环境包括地形、地貌、建筑结构等。在打击和摧毁无人机集群时，地理环境会影响爆炸波的传播、能量释放和杀伤范围。例如山地的障碍物等可能会影响爆炸波的扩散路径，从而影响反制效果。在评估环境影响时，需要考虑爆炸波在不同地理环境下的传播情况。

（2）气象条件

气象条件会直接影响爆炸波的传播和杀伤范围，例如风速、风向、气温、湿度等。风速和风向会影响爆炸物的扩散速度和方向，从而影响杀伤区域的分布；气温和湿度会影响爆炸波的传播速度和能量释放。因此，在评估环境影响时，需要考虑不同气象条件下的反制效果。

（3）民用设施和人员安全

环境影响还包括对民用设施和人员安全的影响。反制措施可能会影响到周围的居民、建筑物、基础设施等。在选择反制目标和制订反制计划时，需要考虑到附近的人员和设施，以确保公共安全。

（4）长期影响和恢复

环境影响评估还需要考虑长期影响和环境恢复。打击和摧毁可能会对环境造成持久影响，例如土壤退化、植被破坏等。在反制作战后，需要采取措施来恢复环境，修复受损区域，以减少长期的环境影响。

（5）精确打击和避免误伤

为了减少环境影响，反制系统应该采取措施来实现精确打击，避免误伤。精确打击可以实现最小化对周围环境的损害，进而避免不必要的破坏。

总之，环境影响在无人机集群反制效能评估中具有重要意义。充分考虑地理环境、气象条件、民用设施和人员安全等因素，可以帮助反制系统做出更合理的作战决策，最大限度地达到反制效果的同时减少对环境的不良影响。

3. 成本效益

在低空无人机集群反制中，反制效能评估的一个重要准则是成本效益。成本效益在无人机集群反制效能评估中的具体说明如下。

（1）资源配置与优化

成本效益评估可以帮助反制系统高效配置有限的资源，选取合适的反制手段和作战策略，在最小的成本下达到最好的反制效果。通过比较不同反制手段的成本与效益，可以优化资源配置，提高作战的效率和效果。

（2）武器选择与性能比较

成本效益评估对于选择合适的反制手段至关重要。不同类型的反制武器具有不同的成本和性能特点。反制系统需要比较不同武器的杀伤范围、精确度、命中率、生存能力等，以及与之相关的成本，从而选择最适合的打击方式。

（3）打击效果预测

通过成本效益评估，反制系统可以预测不同武器和手段对无人机集群的反制效果，帮助系统在作战前做出合理的决策，选择最有可能实现成功反制的武器和手段。

（4）合规性和可持续性

成本效益评估还有助于确保反制行动的合规性和可持续性。通过合理比较成本与效益，反制系统可以避免出现不必要的资源浪费，同时确保反制行动在可持续的范围内进行。

总之，成本效益评估在低空无人机集群反制中具有重要意义。通过比较不同武器、手段和作战策略的成本与效益，反制系统可以做出更明智的决策，达到最好的反制效果，同时避免不必要的资源浪费。成本效益评估还可以支持风险管理、制订综合作战计划，以及实现及时调整，确保无人机集群反制的成功。

5.2.2　构建效能评估量化指标

低空无人机集群反制效能评估量化指标示例如图 5-2 所示。

1. 探测效能评估

探测效能主要通过雷达体现。通常通过探测范围、分辨率和精度、目标识别和分类能力、抗干扰能力，以及快速反应能力 5 个方面进行探测效能评估。

评估雷达的探测效能需要综合考虑以上因素，并根据实际情况制定相应的测试方案和评估标准。这样可以确保对雷达装备的性能进行全面而准确的评估。

另外，还需要注意测试环境的一致性和可重复性，以确保评估结果的可靠性和可比性。在测试前需要制订测试计划和测试场景，以模拟实际使用情况，例如固定目标、移动目标、低空目标、高速目标等，这有助于测试人员更加全面地评估雷达装备的探测效能。

因此，通常可以建立数学模型，求解该模型进行探测效能评估。模型一般采用的是 ADC 模型，其计算公式如下。

$$E = A \cdot D \cdot C \qquad\qquad 式 (5-1)$$

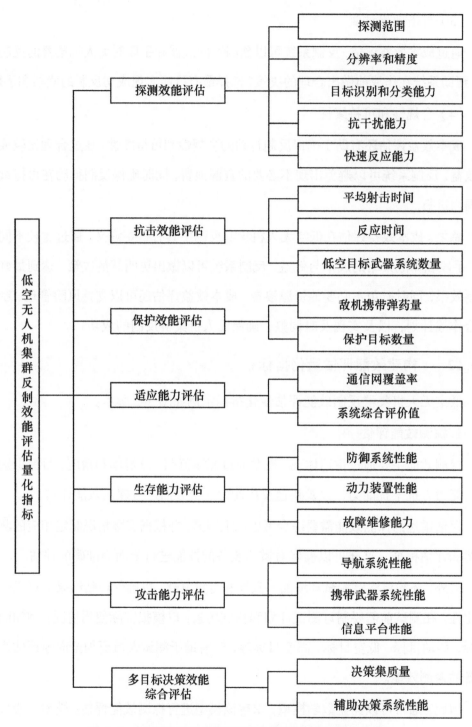

图 5–2　低空无人机集群反制效能评估量化指标示例

其中，*E* 为系统效能，即系统在规定条件下完成规定使命任务的能力；*A* 为可用度，是系统使用前处于规定战斗准备状态能正常工作的量度；*D* 为可信赖度，表示执行任务过程中是否正常运行的量度或无故障完成规定功能的概率，也是对可靠性的描述；C 是系统的能力矢量，是系统处于可用和可信状态下完成任务能力的量度。

在一定的搜索方式下，搜索装置发现目标包括两个基本环节：一是目标落入搜索装置视场内；二是搜索装置探测到目标。因此，对其探测效能进行评估即确定搜索装置对单个目标的发现概率，其计算方法如下。

$$p_f = p_1 \times p_t \qquad \text{式 (5–2)}$$

其中，p_1 为目标落入搜索区域的概率，p_t 为搜索装置探测到目标的概率。

在搜索装置实施搜索时，可以认为目标从圆周的任一方向都可以进入，即目标的进入在圆周上服从均匀分布，其计算方法如下。

$$P_1 = \frac{\frac{1}{2}r\omega t}{\pi r^2} = \frac{\omega t}{2\pi r} \qquad \text{式 (5–3)}$$

其中，ω 为搜索装置的扫描速度。

其次，对探测概率进行计算。当目标落入雷达波瓣时，在雷达屏幕上能否检测出目标信号，取决于信号能量与噪声能量之比。在没有干扰的情况下，雷达波瓣掠过目标一次的发现概率的计算方法如下。

$$P_{t1} = \left(\frac{nS_n + 1}{nS_n}\right)^{n-1} \exp\left(-\frac{y}{nS_n + 1}\right) \qquad \text{式 (5–4)}$$

其中，n 为一次扫描的脉冲累积数；y 为检测门限值；S_n 为单个脉冲的信噪比，为单调递增函数。

采用红外装置搜索目标时，目标落入视场条件下被探测到的概率，取决于目标在背景衬托下的反差，当目标的红外辐射强度为 L_m，背景的红外辐射强度为 L_b，目标反衬度为 $c = |L_m - L_b|/L_b$，其分布密度的计算方法如下。

$$f(c) = \begin{cases} mc^{m-1}e^{-\lambda c^m}, & c \geqslant 0 \\ 0, & c < 0 \end{cases} \qquad \text{式 (5–5)}$$

其中，λ 为尺度参数，m 为形状参数。

因此，当目标反衬度为 c 时，对分布密度 $f(c)$ 进行积分得到探测概率 P_{t2}，其计算方法如下。

$$P_{t2} = 1 - \exp(-\lambda c^m) \qquad \text{式 (5-6)}$$

2. 抗击效能评估

抗击效能主要是指系统的生存能力与对无人机集群的抗击效能的综合体现。

如果无人机集群多个批次从各个不同方向对被包围目标进行空袭，则整个来袭机群构成某种来流。为了评估作战效能，通常将机群目标看作由多个单目标构成的目标来流。假设目标来流为最简单流，它的强度 μ 等于流的参数 λ，参数 λ 完全确定了最简单流的性质。研究证明，服务系统最难适应最高简单流。因此，根据最简单流来评估反制系统，就是从最困难的条件出发考虑问题。这种条件下，评估的无人机集群反制武器，在流的强度相同的情况下，也一定能可靠地抗击其他随机目标来流。

3. 保护效能评估

在低空无人机集群反制中，保护效能是多种因素组合作用的表征值，主要体现在反制系统对保护区域的保护上。其保护效能的大小，既与敌机携带弹药量，机载武器的数量、类型、攻击方式等有关，又与保护目标的数量、伪装、工事防护等有关。

以保护目标被袭击目标毁伤概率计算为主的评估方法：首先，计算无人机集群突破反制体系的突防概率；其次，计算突防的无人机集群攻击的我方保护目标的毁伤概率；最后，根据保护目标的重要性聚合无人机集群的突防概率与保护目标的毁伤概率，获得反制体系保护效能。假设无人机集群反制作战中总共抗击 P 个空袭目标、保护 M 个要地或区域目标，则保护效能 S_1 的计算方法如下。

$$S_1 = \sum_{j=1}^{M} b_j \prod_{i=1}^{P} [1 - (1 - p_i)p_{ij}] \qquad \text{式 (5-7)}$$

其中，p_i 为对第 i 个空袭目标的杀伤概率；p_{ij} 为第 i 个空袭目标对第 j 个保护目标的杀伤概率。反制系统保护效能通常以保护率指标 S'_1 度量，即被保护目标被毁概率与其重要性乘积之和与所有保护目标的重要性之和的比，S'_1 的计算方法如下。

$$S'_1 = \frac{S_1}{S_{10}} = \frac{\sum_{j=1}^{M} b_j \prod_{i=1}^{P}[1-(1-p_i)p_{ij}]}{\sum_{j=1}^{M} b_j} \qquad \text{式 (5-8)}$$

由此可见，保护效能评估模型的关键是计算空袭目标对保护目标的毁伤概率。

4. 适应能力评估

反制系统适应能力是指反制系统对各种作战环境和作战态势的适应能力，这一能力评估反映的是，反制系统在不同作战环境和作战态势条件下能够保持较高的反制效能的能力，并不包含反制武器系统环境适应能力。

目前，主要有木桶理论可以评估在一定的外界环境条件下的反制系统内部要素之间的适应能力。适应能力分析方法可以评估反制系统内部资源与外部环境的适应能力，具体步骤如下。

① 建立适应能力评估的评价指标体系，用来反映无人机集群反制系统的不同组成部分的性能，分别对应于木桶理论中的各块木板。

② 以无人机集群反制系统所面临的外界环境条件下所要求的反制效能为基础 $a_{i\max}$，将各性能指标进行无量纲化，得到其评价值 $a_i/a_{i\max}$，用来反映各组成部分的效能水平，分别对应于木桶理论中的各块木板的长短。在此基础上，比较各木板的长度（评价值的大小），找出最短的木板。

5. 生存能力评估

无人机集群反制系统生存能力是指在某种具体的攻击环境下，反制系统能够继续作战的能力。在研究反制系统生存能力时，主要考虑反制系统遭受各种各样的外界破坏造成的故障及维修能力等方面因素。

无人机集群反制系统的生存能力 P_S，可以表示为其被发现概率 P_F 和被毁概率 P_K 的函数，其计算方法如下。

$$P_S = 1 - P_F P_K \qquad \text{式 (5-9)}$$

在非对抗条件下，假设对空袭目标的毁伤概率为 P_{OE} 和被毁率为 Q_{OE}。与无人机集群的互相对抗下，反制系统对空袭目标的毁伤概率为 P_K，则生存能力为 P_S，可以由下列方程组决定。

$$\begin{cases} P_K = P_{OE}P_S \\ P_S = 1 - (1 - P_{OE})Q_{OE} \end{cases} \qquad \text{式 (5-10)}$$

解此方程组，可得对空袭目标的毁伤率与生存能力的计算方法如下。

$$\begin{cases} P_K = \dfrac{P_{OE}(1 - Q_{OE})}{1 - P_{OE}Q_{OE}} \\ P_S = \dfrac{1 - Q_{OE}}{1 - P_{OE}Q_{OE}} \end{cases} \qquad \text{式 (5-11)}$$

6. 攻击能力评估

攻击能力评估是指无人机集群反制系统能否精确打击敌方目标，完成反制任务。一般而言，无人机集群反制作战能力不仅要求具有快速、准确的识别、探测、追踪和攻击能力，还需要具有灵活的作战部署能力、可靠的作战资料、稳定的通信链路，以及快速有效的信息处理与更新能力，因此，对反制系统攻击能力进行评估时，需要充分考虑导航系统性能、携带武器系统性能、信息平台性能，以及情报获取能力、分析和处理情报能力、反制装备攻击能力。

7. 多目标决策效能综合评估

无人机集群反制系统效能评估是典型的多目标决策问题，包括多准则决策和多属性决策。多目标决策效能综合评估包括决策集质量和辅助决策系统性能两个方面。一般多目标决策的数学模型可表示为以下 4 个部分。

① 决策单元：决策者。

② 属性集：$\{f_1, f_2, \dots, f_n\}$。

③ 决策情况：方案集 $I = \{1, 2, \dots, m\}$ 有限，m 为一正整数，决策变量 i 是 $1 \sim m$ 的某个正整数。决策环境的状态是不确定的，但是概率分布已知。对于某个决策方案和给定的环境状态，可得每个属性 f_j，$j = 1, 2, \dots, n$ 的值。

④ 决策规则：假设存在一多目标效用函数，则选择产生最大期望效用值的方案。

多目标决策有许多方法，例如效用函数法、层次分析法、专家调查法等。这些方法的一个共同特点是，根据问题的特点和决策者的判断准则，利用辅助决策者构造一个把 n 个分目标转化为一个目标的价值函数，量化分目标对决策者的价值，然后由 m 个方案的价值函数对多目标的方案进行优选。这样就把多目标决策问题转化为单目标决策问题。常用的价值函数，例如线性加权和法、极大极小法和理想点法等，由于在构造价值函数及量化目标对决策者的价值中存在加权因子的确定问题，增加了辅助决策者的行为及意识，从而影响了这些方法的置信度。因此，在多目标决策过程中，普遍希望尽量减少人为因素的干扰，提高决策结果的置信度。

5.2.3 评估指标综合分析与评价

反制效能评估的目的是衡量并明确无人机集群反制系统的作战能力及使用范围，为指挥决策提供依据。反制效能评估的对象是低空无人机集群和反制系统之间的作战过程，包括侦察、识别、跟踪、干扰、摧毁等环节。低空无人机集群反制效能评估的量化指标是反映作战过程中各个环节效果的数值化表达，是评估体系的核心内容。根据不同的评估层次和角度，又可以将量化指标进一步分为以下几类。

（1）作战任务层

反映整个反制作战过程中反制系统对低空无人机集群的总体反制效果，例如反制成功率、反制时间、反制成本等。

（2）作战环节层

反映各个反制作战环节中反制系统对低空无人机集群的局部反制效果，例如侦察覆盖率、识别准确率、跟踪稳定度、干扰成功率、摧毁概率等。

（3）作战要素层

反映各个作战要素对反制作战环节效果的影响程度，例如低空无人机集群的数量、规模、类型、速度、高度、航向，以及反制系统的性能、布局、配置等。

通过采用合适的方法进行低空无人机集群反制效能评估量化指标的综合分析与评价。综合分析与评价是将各个量化指标进行加权、归一化等处理，得出一个综合评价值，以便于对比分析。常用的方法有层次分析法、灰色关联法，以及模糊综合评价法。

其中，层次分析法的优点是能够充分考虑各量化指标的相对重要性，避免主观偏差，同时也能够通过一致性检验提高判断的可信度。其缺点是需要构建复杂的层次结构模型，涉及大量的判断矩阵和计算过程，可能导致计算量大和误差累积。

与层次分析法相比，其他方法各有优劣。其中，灰色关联法的优点是计算简单，能够反映各量化指标之间的关联程度，其缺点是忽略了各量化指标的权重和差异性，可能导致评价结果不准确。模糊综合评价法的优点是能够处理不确定性和模糊性的信息，提高评价结果的合理性，其缺点是需要确定模糊隶属度函数和模糊运算规则，可能导致主观因素影响较大。综上所述，本节将采用层次分析法对低空无人机集群反制效能评估量化指标进行综合分析与评价。

层次分析法的主要步骤如下。

（1）建立层次结构模型

将低空无人机集群反制效能评估问题分解为目标层、准则层和方案层，形成一个3层的层次结构模型。其中，目标层是指反制效能评估的总目标，即综合评价各反制系统的作战效果；准则层是指影响反制效能评估的量化指标，可以按照前文所述的分类进行选择；方案层是指待评价的反制系统，可以根据实际情况进行确定。

（2）构造判断矩阵

对于每层中的各因素，根据其相对重要性或优劣程度，进行两两比较，得到一个判断矩阵。判断矩阵中的元素可以采用1~9的量表进行表示。其中，1表示两个因素同等重要或同等优劣，3表示一个因素比另一个因素稍微重要或稍微优劣，5表示一个因素比另一个因素明显重要或明显优劣，7表示一个因素比另一个因素强烈重要或强烈优劣，9表示一个因素比另一个因素极端重要或极端优劣，2、4、6、8表示两个相邻判断值之间的中间值。判断矩阵应满足一致性条件，即 $a_{ij} * a_{jk} = a_{ik}$。

（3）计算权重向量

对于每个判断矩阵，通过特征值法或几何平均法，求出其最大特征值和对应的特征向量，并将特征向量归一化，得到权重向量。权重向量反映了各因素对总目标或上一层因素的贡献程度。

（4）检验一致性

为了保证判断矩阵的合理性和可靠性，需要检验其一致性程度。一般采用一致性指标 *CI* 和一致性比例 *CR* 进行检验，具体计算方法如下。

$$CI = \frac{\lambda_{\max} - n}{n - 1} \qquad\qquad \text{式 (5-12)}$$

$$CR = \frac{CI}{RI} \qquad\qquad \text{式 (5-13)}$$

其中，$\lambda_{\max}$ 是判断矩阵的最大特征值，n 是判断矩阵的阶数；RI 是随机一致性指标，其值与判断矩阵的阶数有关。如果 $CR \leqslant 0.1$，则认为判断矩阵具有良好的一致性；如果 $CR > 0.1$，则需要修改判断矩阵，直到满足一致性要求。

（5）计算综合评价值

将各层的权重向量进行层次加权求和，得到方案层各反制系统的综合评价值。综合评价值越大，表示反制系统的反制效果越好，反之，综合评价值越小，则表示反制系统的反制效果越差。

5.3　低空无人机集群反制效能综合评估技术体系

低空无人机集群是一种新兴的无人机飞行器应用方式，具有高度的灵活性、多样性和协作性，给传统的安防手段带来了巨大的挑战。为了有效评估低空安防对无人机集群的反制能力，本节构建了一个针对反制效果的综合评估技术框架，从认知、信息和物理 3 个层面全面分析反制系统对无人机集群的反制效果，通过战场全域、认知层面、信息层面和物理层面的综合评估方法，为低空无人机集群反制系统提供了一个多级别、多角度的评价体系。低空无人机集群反制效能评估综合评价体系如图5-3 所示。

5.3.1　面向战场全域的综合评估架构

在应对全域无人机集群威胁时，综合评估架构需要涵盖整个战场环境，以确保对低空无人机集群的综合反制具备全局视野。该评估体系聚焦于认知域、信息域和物理域，以提供对指挥决策的全方位支持。

在认知域方面，专注于先进感知技术、人工智能和机器学习算法对无人机集群特征、行为和意图的识别和理解能力。另外，综合评估对反制体系的威胁预警和感知能力进行考察，以确保反制系统对威胁有全面的认知。在信息域方面，强调信息流的处理和充分利用，专注于评估通信和信息交互的有效性。该评估涉及反制体系

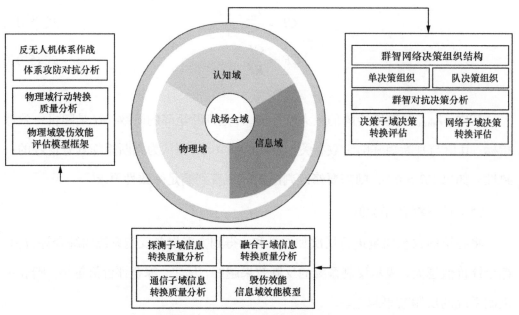

图5-3 低空无人机集群反制效能评估综合评价体系

对无人机集群实时监测和数据分析的能力，旨在保障信息域内的反制效能。在物理域方面，重点关注物理手段的反制效能，包括无人机的定位、追踪和干扰技术。评估反制手段的可操作性和可控性，以确保低空无人机集群反制的时效性。

此全域综合评估架构不仅关注战场空域的动态感知、态势分析和威胁评估能力，还突出了认知域、信息域和物理域的关键因素，为无人机集群反制系统提供全面、精准的决策支持。低空无人机集群反制效能综合评估架构如图5-4所示。

5.3.2 面向认知域的综合评估

1. 群智网络决策组织结构

按照决策员之间在决策过程中的相互协调程度，可将决策组织结构分为单决策组织结构和队决策组织结构两种。

（1）单决策组织结构

按照决策形式的不同，单决策组织结构又可分为完全集中式、完全分散式和分散集中混合式3种，具体描述如下。

①完全集中式：在这种结构中，所有的决策权力都集中在一个中央决策机构或个人手中。该机构或个人负责所有的决策过程，并将决策结果传达给全体成员。

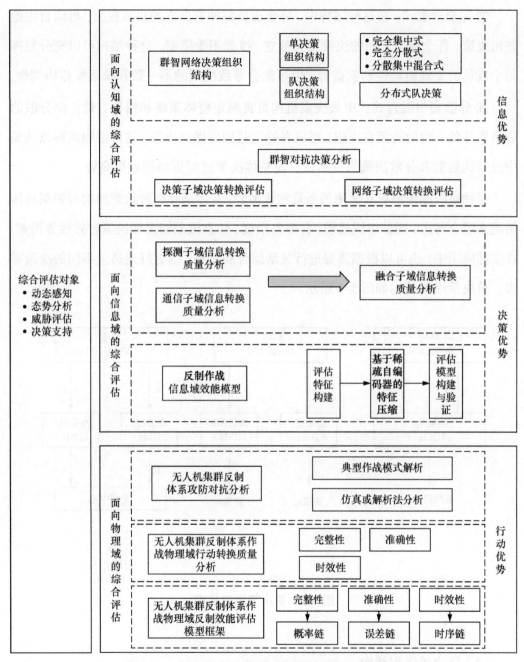

图 5-4　低空无人机集群反制效能综合评估架构

这种结构能够迅速做出决策，确保一致性和统一性，但可能会导致决策过程出现瓶颈和信息滞后的问题。

② 完全分散式：在这种结构中，每个成员都拥有独立的决策权力，可以自主地做出决策。各个成员之间的决策相互独立，彼此不受限制。这种结构可以充分发挥每个成员的主观能动性和创造力，但可能会导致决策的不一致和缺乏整体协调性。

③ 分散集中混合式：中央决策机构负责制定整体策略和指导方针，而分散的成员则具备一定的决策自主权，可以在特定范围内做出决策。这种结构能够兼顾集中决策的效能和分散决策的灵活性，使整体决策过程更协调和更高效。

每种组织结构都有其适用的场景和优劣势。具体选择何种组织结构应根据具体情况来综合考虑，例如组织规模、任务复杂度、信息流动情况和决策时效性等因素。在实际应用中，也可以根据需要进行灵活组合和调整，以更好地适应不同的决策需求。单决策组织结构如图 5–5 所示。

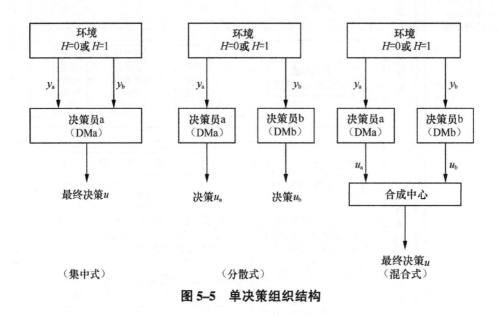

图 5–5　单决策组织结构

（2）队决策组织结构

队决策组织结构如图 5–6 所示，这种结构又称为分布式队决策。队决策强调的是合作，可以大大降低最终决策的错误率。

以一般无人机反制作战体系决策组织机构为例，一般无人机反制作战体系的决策组织机构可以根据不同的情形而有所不同，但通常包括无人机反制中心级别、无人机反制次级中心级别，以及反制执行队级别 3 个层次的组织机构。

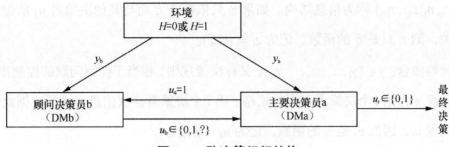

图 5-6　队决策组织结构

然而，实际的组织结构可能会因各国无人机对抗实践、战略需求和技术发展而有所不同。同时，随着信息化技术和指挥控制系统的发展，无人机反制作战体系的决策组织机构也在不断演进和调整，以满足现代战争的需求。

2. 群智对抗决策分析

决策分析是一种系统性的方法，用于评估和选择最佳决策方案。其基于数据、模型和定量分析，帮助指挥人员理解和比较不同决策选项，并为其提供决策的基础和支持。

（1）决策子域决策转换评估

① 决策模型

决策模型有自然状态、决策变量集合、观测信息函数集合、策略集合和损失函数 5 个基本要素。

自然状态：是指问题的不确定成分，包括随机初始条件、测量噪声、不确定参数和随机扰动等信息。这些信息又称为先验信息，用一个随机变量向量 $\xi = (\xi_1, \ldots, \xi_i, \ldots, \xi_m)$ 表示，概率分布用 $P(\xi)$ 表示。

决策变量集合：$u \in (u_1, \ldots, u_i, \ldots, u_m)$。其中，元素 u_i 为第 i 个决策者的决策，m 是决策者数目。u_i 也可以是向量，这时可将它分解为多个决策者，但它们均占有同样的信息。当同一决策者在不同时间制定多个决策时，如果基于不同的信息，则应看成不同的决策者。

观测信息函数集合：$z \in (z_1, \ldots, z_i, \ldots, z_m)$。其中，元素 z_i 为第 i 个决策者在制定决策时所接收到的信息，包括先验信息 ξ 和由通信传来的其他决策者的决策信息 u_j，即 z_i 是 ξ 和 u_j 的函数，记为 $z_i = \eta_i(\xi, u_j), j = 1, 2, \ldots, m, j \mapsto i$。集合 $\eta \in$

$(\eta_1, \ldots, \eta_i, \ldots, \eta_m)$ 称为信息结构。如果 z_i 只依赖于 ξ 而与其他决策者 u_j 所做的决策无关，则 z_i 只是 ξ 的函数，记为 $z_i = \eta_i(\xi)$。

策略集合：$\gamma \in (\gamma_1, \ldots, \gamma_i, \ldots, \gamma_m)$，又称决策规则，相当于控制问题的控制律。其中，元素 γ_i 为第 i 个决策者采用的策略。第 i 个决策者接收信息 z_i 之后，据此做出某种决策 u_i，因而 u_i 是 z_i 的函数，记为 $u_i = \gamma_i(z_i)$。

损失函数：又称为支付函数、价值函数，用来评价各种决策后果所遭受的损失，是 ξ 和 u 的函数，记为 $L(\xi, u)$。

具体来说，反制决策分析模型是用于辅助反制系统决策过程的数学和统计模型。这些模型可以帮助指挥人员评估各种决策选项的潜在结果和风险，以支持更明智的决策。

② 对抗网络的决策序列样本生成

战略博弈分析中对参与各方决策措施的深入分析至关重要，是了解各方真实的利益诉求、常用博弈策略，以及潜在决策行动的基础。一方面，由于现实世界中时间的不可逆性质，某一特定历史事件主题下可被观察的各方决策序列数据非常少；另一方面，基于专家研讨推演生成的模拟决策序列数据，需要大量人工参与，生成模拟数据的成本和质量难以控制。因此，如何借助计算机模拟快速生成符合现实各方决策行为的决策样本序列，成为影响战略趋势预测效果的关键问题。

生成对抗网络（Generative Adversarial Networks，GAN）的结构根据真实样本和伪造样本训练判别器网络，判别器网络用卷积神经网络实现。GAN 根据判别器网络回传的判别概率，通过强化学习更新生成器网络。其中，生成器网络用长短时记忆网络实现。生成器网络的更新策略是基于强化学习的，包括状态（State）、动作（Action）、激励（Reward）。本节中的状态为当前时间节点决策动作序列的结果，动作为当前待解码的下一步决策。判别网络对生成数据的置信度即为激励。生成数据越逼真，相应的激励越大。在 t 时刻，采用蒙特卡洛树搜索方法。搜索出 V 条路径。首先，将搜索出的结果和已生成的序列结合，组成 N 条完整的输出。然后，判别网络给出每条输出对应的置信度，作为激励更新生成网络的决策生成策略，以此循环。通过对抗学习的方式，不断优化两个网络，直至生成样本的置信度和真实样本的置信度在判别网络中收敛，则决策样本序列生成网络的训练结束，生成器网络生成的样本，即为符合真实决策规律的决策序列样本，实现支持事件趋势预测和危机预警的决策样本的自动生成。

③ 决策组织结构的决策策略研究

决策组织结构主要分为单决策组织结构和队决策组织结构两种。不同的决策组织结构采用不同的决策策略。研究决策组织的决策策略有助于不同作战方式对决策组织结构的选择与设计。假设检验是从"接受"或"拒绝"中做出选择，因而可以用来描述决策问题。下面采用传统的经典假设检验方法研究不同决策组织结构的决策策略。

完全分散式检验是指不同的决策指挥员处理不同的信息，最后根据统一的损失函数做出判断。有两个关于环境 H 的假设：H_0（目标不存在）和 H_1（目标存在）。假设先验概率为 $P(H_0) = P_0$，$P(H_1) = P_1$，是离散型概率分布，显然有 $P_0 + P_1 = 1$。两个决策员 DMi（$i = a$ 或 b）从各自传感器取得关于目标的观察值 $y_a \in Y_a$，$y_b \in Y_b$，Y_a 和 Y_b 为有限集。观察值的条件联合概率分布函数为 $P(y_a, y_b/H_i)$，$i = 0$ 或1。两个决策员根据共同的损失函数做出关于环境是 $H = H_0$ 还是 $H = H_1$ 的判断。由于 y_a 和 y_b 都分散到 DMa 和 DMb 分别进行检验，所以称其为分散式假设检验。

决策规则的形式如下。

$$\gamma_i : Y_i \to u_i, u_i = \{0, 1\}$$

$$u_i = \begin{cases} 0, & H = H_0 \\ 1, & H = H_1 \end{cases} \qquad \text{式 (5-14)}$$

其中，u_i 是根据 y_i 来决定的，即 $u_i = \gamma_f(y_i)$。此决策策略也可以用条件概率来表示：$P(u_i = 0|y_i) = 1$，则表示 H_0 为真；$P(u_i = 0|y_i) = 0$，则表示 H_1 为真。

最佳决策准则为损失函数 J：

$$J : \{0, 1\} X \{0, 1\} X \{H_0, H_1\} \to R \qquad \text{式 (5-15)}$$

损失函数 $J(u_a, u_b, H)$ 表示在 DMa 选择 u_a，DMb 选择 u_b 且当 H_1 为真时，所付出的代价。

决策策略的优化目标是使平均损失代价最小，即 $\min E[J(u_a, u_b, H)]$，其中，

$$E[J(u_a, u_b, H)] = \sum_{H, u_b} P(u_a, u_b, H) J(u_a, u_b, H)$$

$$= \sum_{H, \mu_a, \mu_b} \iint P(u_a, u_b, y_a, y_b, H) J(u_a, u_b, H) \mathrm{d}y_a \mathrm{d}y_b \qquad \text{式 (5-16)}$$

分散式决策检验是指具有一定上下级关系的两个以上的决策人员组成决策队伍，根据统一的损失函数，协同合作完成最终判断。可能有 3 种决策流程，具体描述如下。

① 设 DMa 是主要决策员，是决策队的负责人，可以直接做出目标是否存在的最终决策，即 $u_f = 0$ 或 $u_f = 1$。

② DMa 有时会遇到没有把握判断 $u_f = 0$ 还是 $u_f = 1$ 的情况，此时，可以发送一个询问信号 $u_a = I$ 去征求顾问决策员 DMb 的意见，并且系统要为此付出一定的通信代价。DMb 得到询问后，根据观察值 y_b 同样可以给出有关目标的 3 种判断 $u_b \in \{0, 1, N_C\}$。根据实际反制情况做出这种规定：一旦 DMb 做出 $u_b = 0$ 或者 $u_b = 1$ 的决策，DMa 就必须将其作为最终决策，即 $u_f = u_b = 0$ 或者 $u_f = u_b = 1$。

③ 如果 DMb 被询问之后，对目标的存在与否也没有把握，即 $u_b = N_C$。这样又把责任推给 DMa，DMa 再进一步做出最终决策。

可以看出，这是一个具有上下级关系的决策问题，其任务是从观察值 y_a 和 y_b 来判断 H 是 H_0 还是 H_1，从而使平均损失函数的取值最小。

损失函数的定义如下。

$$J^* : \{0, 1, I\} X \{0, 1\} X \{H_0, H_1\} \rightarrow R \qquad \text{式 (5-17)}$$

用 $J(u_f, H_i)$ 表示在假设 H_i，决策 u_f 时的决策代价，并包含了通信代价。其具体形式如下。

$$J^*(u_a, u_f, H_i) = \begin{cases} J(u_f, H_i) + C, & u_a = 1 \\ J(u_f, H_i), & \text{其他} \end{cases} \qquad \text{式 (5-18)}$$

（2）网络子域决策转换评估

网络子域决策转换评估是指针对通信网络中的子域进行决策转换的评估分析。在一般无人机集群反制通信网络中，各个子域承担不同的任务和功能，例如指挥控

制子域、数据链路子域、通信保障子域等。为了提高通信效率、保障通信安全和满足作战需求，需要对这些子域进行决策转换，具体应考虑以下几个方面评估。

① 通信需求评估：包括通信容量、通信范围、通信时延等因素，可以通过对反制需求和指挥控制要求的分析来确定。

② 网络性能评估：包括数据传输速率、实时性、可靠性等指标，可以通过仿真模拟、实际测试等方式进行性能评估。

③ 信息安全评估：包括通信加密、认证授权、数据完整性等方面，可以通过安全评估工具和漏洞扫描等方式进行安全评估。

④ 通信设备评估：包括硬件设备、软件系统和网络设备等方面，可以通过设备性能测试、兼容性测试等方式进行设备评估。

⑤ 成本投入与收益评估：包括设备采购费用、技术支持费用和维护费用等方面，可以通过成本分析、经济模型等方式进行成本评估。

通过综合评估可以为无人机集群反制通信网络的决策转换提供决策支持和参考，确保决策转换的有效性、可行性和安全性，以提高无人机集群反制通信网络的整体性能和作战效能。

5.3.3　面向信息域的综合评估

信息域效能评估是指针对无人机集群反制在信息应用方面（主要是雷达、光电相机）的反制效能进行分析和评估，从中得出反制系统的整体信息化水平和信息效能水平，以及各类信息技术对反制作战效能的影响程度，为反制系统优化和改进提供参考。其对于提高无人机集群反制信息化水平、提升反制作战效能、支持作战指挥，以及推动科技创新具有重要意义。

无人机集群反制作战信息域效能模型是指反制系统的信息化效能模型，通过探测子域信息转换质量分析、通信子域信息转换质量分析、融合子域信息转换质量分析，评估其在不同作战环境下的实际反制效能，为优化装备设计、指导装备运用和提高反制效能提供科学依据。

反制作战信息域效能模型的建立需要经过以下步骤。

首先，识别各种影响反制效能的因素，并将其转化为参数和变量；其次，收集相关数据，通过统计学和计量经济学分析，确定各参数和变量之间的关系，以及其对反制效能的影响程度；再次，利用得到的数据和关系建立效能模型，进行模型拟合和验证；最后，对效能模型进行评估和优化。

无人机集群反制作战信息域效能模型的建立能够为反制装备设计提供科学依据，指导装备运用和提高反制效能，促进反制装备现代化和信息化建设。传统的运筹分析方法不能很好地适应反制效能评估算法的动态变化，因此，针对反制系统信息域效能评估的问题采用深度学习的方法。

1. 评估特征构建

在反制效能评估过程中，包含两类数据：一是无人机集群反制过程中输入的指令数据，是算法模型根据作战态势变化做出的各种反制作战命令；二是设置固定步长时间段，得到各时段反制效能评估算法模型产生的瞬时反制结果数据，作战结果数据按照时间顺序，根据步长时间，选取带时间戳的所有反制结果数据集。

选择抽取从反制系统中一个反制指令下达时刻，到结束阶段反制时的数据输入和反制策略执行的开始时间、结束时间（反制实体平台、装备反制效能、反制作战任务）等构造多维特征项。

反制效能评估模型中输入向量维数巨大，采用自编码神经网络抽取输入数据的高层特征用于后续反制效能评估算法模型的具体评估。同时，生成一些反制水平的标签。输入层的每个数据由发出指令前反制系统状态数据和完成指令后反制系统状态数据，训练输出反制水平的度量，将反制水平的度量转化为一个反制水平的分类问题。

结果统计指标主要来自反制单元与反制装备等实体级指标度量。这些数据可以在反制效能评估算法模型的数据中直接抽取，而反制效能的评估指标可以根据特定的反制行动，对照任务清单中的反制任务成功的标准进行量化权衡。生成小批量有标签样本，标签值按照反制效果分为优秀、良好、中等、合格、不合格、差6个等级。

2. 基于稀疏自编码器的特征压缩

采用一个 3 层稀疏自编码网络得到输入数据的特征向量，用于后续的评估模型的训练。首先，用输入数据来训练第一个网络，通过使输出 $\hat{x}$ 接近输入数据 x，可以得到第 1 个网络的隐藏层 $h^{(1)(k)}$。采用原始输入 $x^{(k)}$ 训练第 1 个自编码器得到输入的一阶特征表示 $h^{(1)(k)}$。将一阶特征 $h^{(1)(k)}$ 输入第 2 个稀疏自编码器，以此学习二阶特征 $h^{(2)(k)}$。再把这些二阶特征 $h^{(2)(k)}$ 输入第 3 个网络，作为 1 个 softmax 分类器的输入。通过上面栈式自编码的学习，可以把隐藏层 $h^{(2)(k)}$ 取出来，即输入数据以作战水平分类为目标降维压缩后的向量，用于后续评估模型的训练。

3. 评估模型构建与验证

评估模型的输入是大量压缩的特征数据，输出反制效能评估算法模型的综合指标度量，将反制效能评估算法水平的评估问题转换成机器学习的分类问题。对反制效能评估算法水平评估问题采用深度学习模型进行建模。首先，对高维数据特征进行降维后，将其作为训练样本，样本的标签来自反制效能评估算法最后完成反制目标的程度，与单个反制行动的标签相同，通过与反制任务清单设置的反制成功标准进行对比得到量化权衡，可得到大批量有标签样本，标签值按照反制效果分为优秀、良好、中等、合格、不合格、差 6 个等级。

在无人机集群反制过程中产生的行动数据是巨大的，对于反制效果的判断完全依赖于专家判断是不现实的，因此，采用深度学习模型完成对无标签的反制行动进行分类。由于行为数据的特征维数比较高，训练量很大，所以先采用自编码的神经网络提取特征，进而构建反制水平评估模型。

对反制效能评估算法模型的验证包含以下两个方面。

① 在对评估模型进行训练时，应先将数据集用 n-fold（n 次折叠）方法划分多个表格，训练集和测试集取多次测试集上的准确率平均值作为最终准确率。只有达到 90% 以上准确率的深度学习评估模型，才能用于评估无人机集群反制效能。

② 首先，将评估模型用于已训练好的反制效能评估算法模型，采集反制效能评估算法模型运行时的实时输入数据，将其通过数据预处理后，输入深度学习评估

模型；然后，利用深度学习评估模型给出反制行动的评估结果，取多次评估结果的平均值，得到反制效能水平值，用于反制效能评估算法模型的评估。

5.3.4 面向物理域的综合评估

1. 无人机集群反制体系攻防对抗分析

无人机集群反制作战呈现体系对抗的作战特点，而且是信息域、认知域和物理域展开的全方位整体对抗，大大提高了攻防双方的对抗激烈程度。

无人机集群反制体系攻防对抗分析包括典型作战模式解析、仿真或解析法分析两个部分。攻防对抗分析具体涉及以下几个关键步骤。

① 首先，明确典型反制模式，将其体现为可量化的指标。

② 然后，分析反制装备体系效能评估，在建立反制装备体系作战物理域反制效能评估模型时，可以通过两种方法体现攻防对抗过程的影响：一是解析法，即通过攻防对抗影响攻击方与防御方的各作战实体的有效状态概率和剩余数量；二是仿真法，即通过攻防对抗随作战步长直接更新攻击方与防御方的各作战实体的有效状态和剩余数量，不是以概率方式，而是以生成概率分布的随机数与给定概率值比较确定作战实体的存在状态。

③ 最后，一方面可以利用解析法建立各作战实体的各种反制事件模型，另一方面利用仿真法依据反制流程将各作战实体的各种反制事件聚合为攻防对抗仿真模型，包含空间状态递推模型、生存状态递推模型和行为效果模型。

在建模时，可以根据具体的目的与要求，确定合适的分辨粒度和攻防对抗作战规模，从而拟定并划分作战实体。各个作战实体在反制仿真任意时刻的状态，由生存状态、行为状态和空间状态组成。每个作战实体都具有自己的属性和方法。其中，属性包括自身特征参数、性能参数、反制任务，以及生存状态、行为状态和空间状态等。

2. 无人机集群反制体系作战物理域行动转换质量分析

无人机集群反制体系作战物理域积累了信息域的信息转换质量和认知域的决策转换质量，是作战信息域—认知域—物理域循环的首轮对抗结果和下一轮循环的转折点。因此，无人机集群反制体系物理域行动转换质量分析，不仅要考虑参与物理域行动的反制装备的性能、编成与战术策略，还要考虑信息域和认知域对物理域效能的影响。

物理域行动转换质量指标定义：完整性是无人机集群反制行动中获得的反制效果与理想效果之间没有缺口的程度；准确性是无人机集群反制行动中对目标拦截或打击的能力，即行动方案与理想方案之间的一致程度；时效性是从物理域接受决策命令开始到完成反制所需的时间。

3. 无人机集群反制体系作战物理域反制效能评估模型框架

物理域的核心任务就是将决策优势转化为行动优势，即实现整个反制全过程的最佳反制效果。行动优势的获得依赖于物理域提供的行动的完整性、准确性和时效性。在物理域的每个子域中，用 $Q(\cdot)$ 描述行动在转换过程中的质量（完整性）变化，用 $E(\cdot)$ 描述行动在转换过程中的误差（准确性）变化，用 $T(\cdot)$ 描述行动在转换过程中所延迟的时间。F_0——目标客观特征；F_1——探测器获取的目标信息特征；F_2——经信息融合后的目标信息特征；F_3——由通信网络共享的目标信息特征；D_1——决策子域决策信息；D_2——通信子域决策信息；A_1——决策行动优势度。

（1）物理域的完整性指标

根据行动质量转换的数学描述，可以用概率链来描述该作用域的行动完整性指标。物理域的完整性指标定义如下。

$$Q_\mathrm{p} = Q(A_1 \mid F_0, F_1, F_2, F_3, D_1, D_2) Q(F_0, F_1, F_2, F_3, D_1, D_2) \qquad \text{式 (5-19)}$$

（2）物理域的准确性指标

根据行动处理质量转换的数学描述，可以用行动误差链来描述该作用域的行动准确性指标。物理域的准确性指标定义如下。

$$E_\mathrm{p} = f_\mathrm{EP}[E(A_1 \mid F_0, F_1, F_2, F_3, D_1, D_2) E(F_0, F_1, F_2, F_3, D_1, D_2)] \qquad \text{式 (5-20)}$$

其中，$f_\mathrm{EP}[\cdot]$ 为物理域的行动误差链聚合函数。在无人机集群反制作战中，行动精度作为行动质量的准确性度量。

（3）物理域中行动的时效性

根据行动处理质量转换的数学描述，可以用时序链来描述该作用域的行动处理质量转换的时效性指标。物理域中行动的时效性指标定义如下。

$$T_p = f_{TP}[T(A_1|F_0,F_1,F_2,F_3,D_1,D_2)T(F_0,F_1,F_2,F_3,D_1,D_2)] \qquad 式(5\text{--}21)$$

其中，$f_{TP}[\cdot]$ 为物理域行动时效性的时序链聚合函数，如果行动处理时间为串行，则该函数为和函数。

5.4 小结

本章介绍了面向未来的低空无人机集群的反制效能评估体系，主要包括效能评估要素、效能评估量化指标、综合评估技术体系。从侦测能力、决策能力、毁伤能力等方面概述了效能评估要素内涵。从效能评估准则、量化指标建模、综合分析与评价等方面阐述了如何构建效能评估量化指标体系。从战场全域、认知域、信息域、物理域4个方面介绍了综合评估技术体系。

5.5 课后习题

1. 请简述低空无人机集群反制效能评估的关键要素。

2. 请简述低空无人机集群反制效能评估的基本准则。

3. 请简述效能评估量化指标的基本内涵。

4. 请概述效能评估量化指标构建的基本步骤。

5. 请概述低空无人机集群反制效能综合评估架构。

第6章 低空无人机集群反制的典型系统

随着无人机技术的普及与发展,低空无人机集群反制技术在战略和安全层面上的重要性不容忽视。如今,无人机技术正处于飞速发展的阶段,无人机已经成为商业领域和军事领域重要的利器。然而,无人机广泛的应用范围也带来了新的挑战,例如无人机集群在低空区域的恶意使用可能引发非法监视、隐私侵犯等问题。因此,低空无人机集群反制技术已成为对抗这些威胁的重要手段,可以有效监测、干扰或反制无人机的操作,从而确保公共安全、国家安全和商业机构的安全。

低空无人机集群反制技术是反无人机技术中的一项核心应用,旨在通过特定的技术手段和装备,对低空无人机集群进行干扰、拦截、摧毁或控制,从而使其无法完成攻击或侦察任务。这些反制技术手段有助于高效对抗低空无人机集群的威胁,保护关键目标的安全。本章将深入研究低空无人机集群反制的典型应用,以便更全面地理解和应对无人机带来的威胁。

6.1 世界主要国家和地区反无人机系统概况

6.1.1 美国

美国从 2012 年开始制定反无人机战略，计划构建高效的防空体系，以迅速解除敌方无人机的威胁，同时确保不会误伤友军的飞机。这一战略旨在利用其技术优势，迅速抢占反无人机领域的制高点。

① 车载通用型模块化托盘 ISR 火箭设备（Vehicle Agnostic Modular Palletized ISR Rocket Equipment，VAMPIRE）

车载通用型模块化托盘 ISR 火箭设备示例如图 6–1 所示。

图 6–1　车载通用型模块化托盘 ISR 火箭设备示例

美国国防部已批准 L3Harris Technologies 公司生产反无人机武器系统。其中，VAMPIRE 套件是一款便携式装备，可安装在各种带货床的车辆上，并具备向敌方无人机发射 70 毫米激光制导火箭弹这一先进精确杀伤的能力和激光制导的能力。

② Lattice 系统和哨兵塔

Lattice 系统和哨兵塔示例如图 6–2 所示。

Anduril Industries 公司获得了特种作战司令部巨额合同，整合系统采用 Lattice 操作系统，使哨兵塔和 Anvil 小型无人机系统可自主探测、分类和跟踪战场上的目标，提醒用户注意潜在威胁，并提出应对和消除威胁的解决方案。哨兵塔由嵌入计算核心的雷达和光学传感器组成，能够利用机器学习算法处理数据，进行威胁检测、识别和跟踪。

图 6-2 Lattice 系统和哨兵塔示例

③ "雷神之锤"

"雷神之锤"示例如图 6-3 所示。

图 6-3 "雷神之锤"示例

美国空军研究实验室 AFRL 成功测试了一种新型"雷神"武器,使用强大的微波能量爆发击落小型无人机,使无人机集群失效。2021 年,空军研究实验室宣布开始研发"雷神"的后继型号"雷神之锤"。2022 年,Leidos 公司被选中负责制造"雷神之锤",将采用与"雷神"相同的技术,但在能力、可靠性和制造装备方面都将有所提高。在美国空军的测试过程中,"雷神之锤"的有效率达到 90%,Leidos 公司希望通过进一步技术调整改进,使其有效率大大提高。"雷神之锤"可以方便地存储在一个货柜中,便于地面部署或运输机运输,只需 2 人耗时 3 个小时即可完成安装,可使用民电。这些操作流程只须投入极少的培训成本。

6.1.2　欧盟

欧盟在应对无人机威胁方面也积极地布局了无人机集群反制系统。这些系统是为了保护军队和国家关键基础设施不受无人机的威胁而设计的。"无人机跟踪者"示例如图 6-4 所示。

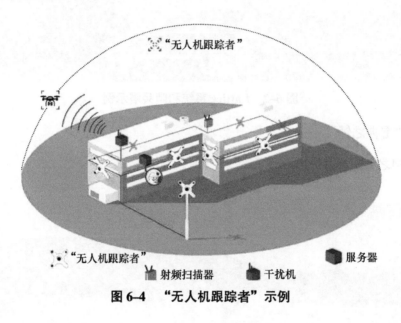

图 6-4　"无人机跟踪者"示例

德国 Dedrone GmbH 公司研制了无人机探测系统，即"无人机跟踪者"。该系统主要由光电或红外传感器、声波和超声波设备及摄像机组成。该系统本身和数据处理系统可用计算机或智能手机进行管理。系统通过自带设备可以连接到建筑物的外墙或特殊站位上，对空域进行有效监视。当非法无人机侵入安全空域时，无人机位置会在数字地图上实时显示，视频证据会被自动保存。同时，警报会立即触发，安保人员可以立即采取行动。"无人机跟踪者"的新版本对无线网络传感器进行了升级，可以通过无线信号探测无人机。不管这些无线网信号来自控制无人机的智能手机，还是向地面人员传输视频信号的机载摄像机，其发射装置的物理地址都能被新的传感器读出。

6.1.3　英国

英国无人机防务公司公布了新型反无人机装备"无人机防御者"，该装备可固定或在移动中使用。该系统利用"蒂奴皮"E1000MP便携式干扰器干扰非法无人机，利用"无人机追踪者"进行探测识别，并通过"蒂奴皮"E1000MP进行干扰。"蒂奴皮"E1000MP便携式干扰器总输出功率超过 100W，共有 5 个频道，采用 GPS 中断和定向电子对抗干扰技术，诱使无人机离开保护区或自动着陆。

6.1.4　俄罗斯

为了提升俄罗斯无人机领域的建设与发展水平，缩小与世界军事强国的差距，俄罗斯制定了详细的无人机发展国家规划。俄罗斯国防部网站公布，2020 年前，俄罗斯在无人机领域的军事费用高达 130 亿美元，主要用于建立无人机作战系统科研体系及加强军用无人机与反无人机技术研发。

① PY12M7 型机动式反无人机侦察指挥车

PY12M7 型机动式反无人机侦察指挥车示例如图 6–5 所示。

图 6–5　PY12M7 型机动式反无人机侦察指挥车示例

PY12M7 型机动式反无人机侦察指挥车是由俄罗斯一家无线电工厂公司研制的反无人机系统。该系统安装在 BRT-80 轮式装甲车上，由通信系统、自动控制系统、电源系统、生命保障系统等组成，可同时对 120 个空中目标进行跟踪，单车侦察距离达 25km，最大联合侦察距离达 200km，可侦察高度达 50km。该系统主要用于指挥防空兵团（雷达兵、高射炮兵、防空导弹兵）级以下作战单位及航空兵战机，实施区域协同部署和中近距离反无人机作战。

②肩扛式反无人机装置 SkyWall100

肩扛式反无人机装置 SkyWall100 是俄罗斯推出的一款专门用于反无人机的装备。该装备利用压缩气体驱动，通过发射网状捕捉器捕获非法入侵的无人机。操作人员肩扛 SkyWall100 瞄准目标无人机并发射捕捉火力单元，从而捕获无人机。火力单元内置降落伞和磁力装置，捕获无人机后能够让无人机立即丧失行动能力，并利用降落伞让无人机安全着地，确保后续反侦察作业的顺利进行。

6.1.5 以色列

以色列的国防工业比较发达，其反无人机系统也一直处于领先水平。

① "无人机警卫"

以色列航空工业公司推出了一款名为"无人机警卫"的反无人机系统。该系统集成了光电传感器、自适应 3D 雷达和专用电子攻击干扰系统，可对小型无人机进行探测、识别和干扰。该系统使用了多款 3D 雷达，可探测到短、中、长距离的无人机。同时，在特殊的侦察和跟踪算法的帮助下，也可以用光电传感器来识别目标。另外，还可以单独使用"无人机警卫"的干扰系统来干扰无人机的飞行。自该系统推出以来，其在军事、安全等领域的应用范围不断扩展。

② "无人机穹"

以色列拉法尔先进防御系统公司开发了无人机探测、跟踪和压制系统。该系统采用"端对端"的系统设计，可实施有效的空域防御，并且能够阻止敌方的无人机在空中进行袭击、侦察等其他对抗活动。"无人机穹"安装了 MEOS 光电传感器、RPS-42 战术空中监视雷达，以及一个 C-Guard 宽频信号干扰器，能够在综合分析收集到的所有数据后，对目标无人机发出警告。该系统可以对全球导航卫星系统信号进行干扰，使无人机无法获取自身位置，因此，无人机在失去控制后，不能返回到起飞地点。

6.1.6 中国

国外在应对无人机威胁方面采取了多种高度创新的措施，同时，国内也在积极加强自身的无人机反制能力。我国执行了一系列方案应对日益增长的安全挑战。我国在这一方面起步较晚，处于学习模仿和追赶超越的阶段，接下来，将详细介绍我国目前的无人机反制系统。

6.2　侦干一体化车载反无人机系统

6.2.1　系统整体说明

车载反无人机系统是一种专门设计的用于检测、跟踪和应对入侵无人机的设备。这些系统通常用于保护敏感区域和场所，例如政府机构、大型活动和关键基础设施，以确保无人机的合法使用。这些系统由雷达系统、光电跟踪系统、射频干扰设备、捕获系统，以及显控单元组成，具体说明如下。

1. 雷达系统

车载反无人机系统通常配备雷达系统。雷达系统用于监测和探测无人机，可以探测无人机的位置、速度和高度。

2. 光电跟踪系统

光电跟踪系统包括摄像机和红外传感器，用于跟踪无人机，并提供实时的图像和视频信息。

3. 射频干扰设备

车载系统可能配备射频干扰设备，用于干扰无人机的通信和控制信号，迫使其返回或降落。

4. 捕获系统

车载反无人机系统还配备捕获设备，用于拦截和捕获非法无人机，采用柔性捕获网等方式来实现。

5. 显控单元

操作员通常使用显控单元来监视和控制系统，采取必要的反制措施。

车载反无人机系统示例如图 6-6 所示。该系统具有监测、探测、追踪无人机等功能，根据具体情况采取反制措施，例如干扰通信、拦截或引导无人机安全着陆。该系统在维护安全和防止无人机侵入方面发挥着重要作用。

图 6-6　车载反无人机系统示例

6.2.2　产品介绍示例说明

1. 车载反无人机系统具体产品介绍示例 1

（1）产品描述

车载反无人机系统将雷达探测子系统、光电识别跟踪子系统、定向电子干扰子系统集成到一辆汽车上，能够大幅提升无人机反制系统的移动性和灵活性。从军用角度来说，战时灵活机动的布置是适应现代化信息战争的必然要求。从民用角度来说，车载反无人机系统能够向外租赁，应用于大型活动现场或对无人机反制有短时或单次需求的其他场景。

（2）产品功能

雷达和光电子系统能够探测和跟踪目标无人机，并引导光电或电子对抗。电子对抗子系统能够对目标无人机进行电子干扰，有效拦截并驱离无人机。整套车载反无人机系统能够完成"察打一体"的无人机反制任务。

（3）技术指标

车载反无人机系统所搭载的雷达、光电、定向电子干扰等设备可根据具体需求进行集成。车载反无人机系统产品示例的选型为 LY-Radar-002 型雷达设备、LY-Optical-002 型光电设备、LY-Ecm-001 型定向四频段电子干扰设备。

（4）产品优势

① 可灵活布防，快速形成动态防护区域。

② 自动预警，快速锁定目标并及时响应。

③稳定跟踪，实时监控，联动反制。

④支持多台车载系统组网布防。

2. 车载反无人机系统具体产品介绍示例2

（1）产品介绍

车载反无人机系统以全固态多普勒雷达及光电协同探测为主要技术手段。雷达远距离发现疑似目标，双摄像头联动完成视距内无人机的搜索、检测和识别，并对识别出的无人机进行驱离操作或迫降处理。

（2）产品特点

①目标探测灵敏度高，抗有源干扰能力强，克服了"低慢小"目标在复杂环境中因背景反射信号而难以识别的困难。

②系统针对车载使用环境进行了加固处理，运输中雷达可以俯卧，使用时升起，有效探测距离为5～10km。

③多系统联动，可实现自动化无人机反制。

④绿色无干扰，对周边的通信环境，例如Wi-Fi、蓝牙、飞机等无影响。

⑤系统可通过无线方式进行组网使用。

⑥系统配备有二次电源及电池，可采用外部供电、发动机供电及电池组供电3种供电方式。

（3）技术规格

技术规格见表6-1。

6.3 车载式无人机侦测管制集成系统

6.3.1 系统概述

车载式无人机侦测管制集成系统是一种综合性的技术系统，旨在检测、识别和管理低空飞行的无人机，以维护领空安全，保护敏感地区。该系统具有如下功能。

（1）侦测功能

使用多种传感器技术，包括雷达、光电摄像机、红外传感器、射频识别和声音识别等，以监测周围的空域并探测无人机的存在。

表6–1 技术规格

设备	项目	性能指标
雷达 探测	工作体制	全固态、全相参、一维有源相扫＋线性调频连续波
	工作频段	Ku 波段（不受无线电委员会的频率限制）
	探测范围	最大作用距离：≥36km（RCS[1] = 0.5m^2） ≥4km（RCS = 0.01m^2）
		最小作用距离：≤300m
		最大高度覆盖：≤1000m
		最小高度覆盖：≥50m
	分辨力	距离 ≤10m；方位 ≤0.3°；俯仰 ≤0.4°
	覆盖方位	360° 机械扫描
	扫描周期	30rpm
	工作温度	−40℃~55℃
	质量	雷达主体 ≤120kg
光电 探测	分辨率	1080p
	转速	系统：水平 ≤30°/s，垂直 ≤15°/s 球机：水平 ≤210°/s，垂直 ≤150°/s
	视角	球机：62.5–1.9 度（广角-望远） 枪机：42.2–13.5 度（广角-望远）
	变焦	球机：5.6–208mm，37 倍光学变倍 枪机：8.0–32mm，4 倍光学变倍
	覆盖方位	系统：水平 360°，垂直 ±30°/s 球机：水平 360°，垂直 −20°/s~+45°/s
	无人机识别距离	晴空：≥500m 夜视：≥100m
	识别时间	<3s
	多目标处理能力	TWS，10 批
电磁 攻击	工作频段	1.5GHz、2.4GHz、5.8GHz
	功率	单一频点：40dBm，可根据需要选择输出频点
	覆盖范围	大于 1km

1. RCS（Radar Cross Section，雷达截面积）。

（2）识别和分类功能

系统可以对侦测到的无人机进行识别和分类，包括确定无人机的型号、制造商和特征，以便评估其潜在的威胁。

（3）实时监控功能

系统提供实时监控和跟踪无人机的能力，允许操作人员实时查看无人机的位置和行为。

（4）报警和警告功能

当系统侦测到潜在威胁时，可以自动触发警报和警告，通知操作人员采取必要的行动。

（5）干扰和控制功能

系统具备干扰和控制能力，可以通过射频干扰或电磁脉冲等手段干扰无人机的通信和控制信号，迫使其返航或降落。

（6）数据分析和记录功能

系统能够记录侦测到的数据，包括无人机的飞行轨迹、图像和声音记录，以便后续的分析和审查。

（7）集成性和扩展性

无人机侦测管制系统通常可以集成到现有的安全和监控系统中。另外，其具备一定的扩展性，可以根据需求添加更多的传感器和功能。

车载式无人机侦测管制集成系统可适应各种场景，例如大型活动或边境巡逻，能够实现灵活部署。该系统在防范非法侵入、确保领空和关键设施的安全，以及保护隐私方面发挥着重要作用，广泛用于民航、边境安全、监狱管理和大型活动安防等领域。

6.3.2　系统工作流程

雷达和无线电系统工作流程如图 6–7 所示，雷达和无线电系统可以探测重点区域内飞行的无人机。当侦测到无人机进入预设的干扰区域时，指挥中心会发出声光警报并将探测到的位置数据传送给干扰系统。干扰程度根据无人机的威胁级别进行调整，该级别可根据无人机的飞行轨迹、禁飞区的重要性、无人机的速度和飞行距离等因素来决定。如果雷达探测受到影响，则无线电探测仍可识别无人机，指挥中心可以控制干扰系统来应对该威胁。此外，近距离时，光电系统可以追踪、锁定

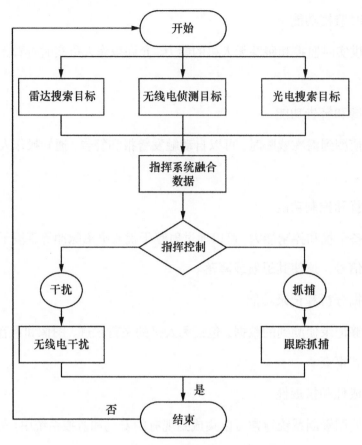

图 6-7 雷达和无线电系统工作流程

和识别无人机，根据预先设定的策略向干扰系统发送指令。静默飞行的无人机无法被无线电侦测到，但雷达可以进行探测，指挥中心可以通过干扰系统迫使其降落。系统还能够识别非常规频段的无人机飞控信号，并对其进行干扰。如果设定只干扰无人机控制信号和图传信号，则无人机被干扰后会原路返航，同时根据雷达探测无人机返航航迹，在雷达显示高度变低时，即飞手（无人机操控员）附近位置，可协助安保人员对无人机飞手进行定位。

6.3.3 重点产品说明

1. 无人机侦测管制一体设备示例

（1）产品介绍

该装备集侦测与反制单元于一体，基于频谱感知、频谱特征识别等技术，实现对入侵无人机的侦测识别、定位跟踪，以及飞手定位。基于无线电压制技术，系统可以实现入侵无人机的驱离或迫降。装备采用一体化工业设计，外形隐蔽，环境适应性强，部署方式灵活，可车载式或固定式安装使用。

（2）产品图片

系统无人机"察打一体"设备示例 1 如图 6-8 所示，系统无人机"察打一体"设备示例 2 如图 6-9 所示。

图 6-8 系统无人机"察打一体"设备示例 1

图 6-9 系统无人机"察打一体"设备示例 2

（3）产品特点

① 识别机型全：可识别大疆、道通等主流机型，以及自制机、Wi-Fi 机、穿越机等多种机型。

② 目标定位：可实时定位无人机及飞手位置。

③ 唯一身份识别：可识别无人机唯一序列号。

④ 黑白名单：可有效区分合作与非合作目标。

⑤ "察打一体"：侦测反制联动，可自动识别打击目标。

⑥ 移动作业：具备移动状态下的无人机侦测定位与反制能力。

（4）性能指标

性能指标见表 6-2。

表 6–2　性能指标

侦测单元	工作模式	无源侦测定位
	作用对象	无人机
	侦测半径	城市环境 1～5km（根据环境和机型不同，存在一定差异）
	工作频段	100MHz～6GHz
	定位精度	≤10m
	定位刷新时间	<3s
	蜂群侦测	≥10 架次（同时）
反制单元	工作模式	无线电干扰压制
	作用对象	飞控链路、导航信号
	作用距离	城市环境 1.5～2km（根据环境和机型不同，存在一定差异）
	工作频段	1.5GHz、2.4GHz、5.8GHz 等无人机常用频段，可独立控制，按需组合
	响应速度	管控响应时间 <3s
	反制方式	定向/全向模式
机械参数	装备尺寸	Φ×H: 600mm×420mm
	装备质量	≤30kg（不含电源）

6.4　基于便携式导航诱骗的反无人机系统

6.4.1　基本原理

无人机导航诱骗系统，又称为无人机诱骗系统。该系统旨在阻止无人机进入禁飞区域和限飞区域，限制其活动。系统通过模拟卫星导航信号来欺骗无人机内部的定位装置，实现对无人机的控制，以应对潜在的威胁。无人机导航诱骗系统的工作原理包括以下几个关键步骤。

（1）信号模拟

无人机导航诱骗系统模拟卫星导航信号，创建虚假的导航信息。

（2）导航诱骗

无人机导航诱骗系统通过向无人机发送导航欺骗信号，实现对无人机的控制和接管，使其执行特定动作。

（3）控制接管

无人机导航诱骗系统接管无人机的控制系统，让无人机快速定位到安全区域，脱离操作者的控制。

（4）禁飞区设置

无人机导航诱骗系统可以设置禁飞区域，以确保无人机不会飞越敏感区域。无人机如果被判定在禁飞区域内，则将被阻止起飞。

（5）限飞区管理

在限飞区域内，系统将限制无人机在一定高度下飞行，或者指导其朝特定方向移动，直到脱离限飞区域。

无人机导航诱骗系统以其应对无人机威胁的有效性和多功能性，在多个领域得到了广泛应用。基于便携式导航诱骗的反无人机系统是一种高效的无人机反制系统，可在需要时便携使用，以确保低空区域的安全。

6.4.2 基本组成

低空区域无人机导航诱骗系统主要包括卫星信号模拟器、功率配置器、信号发射器和控制软件。其中，卫星信号模拟器是系统的核心，负责生成高精度的仿真卫星导航信号；功率配置器是主要的能耗组成部分，根据工作模式和作用距离来提供可控的辐射功率；信号发射器则是系统的作战终端，由辐射天线单元（阵列）和天线转台等部件构成。这些组件共同构建了无人机导航诱骗系统，使该系统能够模拟卫星信号，管理功率分配并进行信号发射操作。

6.4.3 典型产品介绍

1. 便携式导航诱骗设备示例

（1）产品简介

无人机导航诱骗防御基站是专门为应对"黑飞"无人机带来的各种安全威胁而开发的，通过辐射低功率产生导航卫星信号（功率不大于10dBm），侵入"黑飞"无人机导航系统，从而实现对需要使用导航系统进行飞行控制的无人机的截获控制，使其无法飞入受保护区域，保障该区域的低空安全。

（2）产品图片

便携式导航诱骗设备示例如图6-10所示。

图6-10 便携式导航诱骗设备示例

（3）产品功能

通过产生不少于2个频率的卫星导航欺骗信号，对采用卫星导航定位的无人机接收的卫星导航坐标信息进行欺骗式干扰，实现禁飞区域投射或区域拒止功能。

①禁飞区投射

通过辐射虚假禁飞区（例如附近机场），对"黑飞"无人机实现位置欺骗，让其误认为进入禁飞区域而迫降或返航。

②区域拒止

通过辐射特点策略轨迹欺骗信号，使"黑飞"无人机无法飞入受保护区域。

（4）产品优势

①适用范围广

对所有需要导航信号（民用频段）辅助控制的无人机均有效。

②辐射功率小

辐射功率为10dBm，符合国家无线电管理条件及工业和信息化部《微功率（短距离）无线电设备的技术要求》，对人体无伤害。

③ 防护范围可调节

功率可调，无盲区防护，可轻松应对集群饱和攻击。

④ 无附带伤害

属于软杀伤手段，不会造成二次伤害。

（5）产品参数

产品参数见表6–3。

表6–3 产品参数

参数	技术指标
有效作用距离	≥500m，≤1000m
信号发射功率	≤10dBm
支持诱骗的导航模式（频率范围）	民用导航频段，≥2种
连续工作时间	24小时全天候
质量	≤20kg
功耗	≤30W
电源	采用锂电池，时间≥12小时
启动时间	≤5分钟
工作温度	−40℃～70℃

2. 无人机导航诱骗设备YP-02型示例

（1）产品简介

无人机导航诱骗设备由全向天线、主机和系统软件组成，通过产生不少于2个频率的卫星导航欺骗信号，对采用卫星导航定位的无人机接收的卫星导航坐标信息进行欺骗式干扰。

（2）产品图片

无人机导航诱骗设备YP-02型示例如图6–11所示。

图 6-11 无人机导航诱骗设备 YP-02 型示例

（3）产品参数

产品参数见表 6-4。

表 6-4 产品参数

参数	技术指标
型号	YP-02 型
产品尺寸/mm	360×359×155
诱骗距离/m	≥500
管控范围	水平 360°；垂直 90°
驱离距离/m	≥800
整机功耗/W	≤25
信号发射功率/dBm (mw)	≤6.5
防水等级	IP66
发射的导航信号制式	GPS、GLONASS、BDS

6.5 小结

本章分析了低空无人机集群反制的重要性，介绍了国外低空无人机集群反制的现状，详细介绍了国内低空无人机集群反制的典型应用。其中，侦干一体化车载反无人机系统是一种专门设计用于检测、跟踪和应对入侵无人机的设备，具有集成度高、机动性强、现场部署迅速等特点。车载式无人机侦测管制集成系统是一种综合性的技术集成系统，旨在检测、识别和管理低空飞行的无人机，以维护领空的安全并保护敏感地区。基于便携式导航诱骗的反无人机系统，通过模拟卫星导航信号来欺骗无人机内部的定位装置，实现对无人机的控制。未来，低空无人机集群反制会在技术创新、系统集成、智能化发展、应用扩展和法规政策等方面迅速发展。

6.6　课后习题

1. 请简述世界主要国家和地区的反无人机系统的特点。

2. 请简述低空无人机集群反制的典型系统基本类型。

3. 请描述车载反无人机系统的应用场景。

4. 请概述车载式无人机侦测管制集成系统的工作原理和特点。

5. 请概述基于便携式导航诱骗的反无人机系统实现无人机控制的基本原理。

第7章 空域管理和低空安防法律法规

7.1 概述

随着技术的快速发展，我国无人机技术已广泛应用于农业、物流、科研、国防等领域。其中，低空民用无人机占据了重要地位，无人机的普及为人们的生活提供了诸多便利，使该领域的应用呈现"爆发式"增长。然而，在实际使用中，无人机"黑飞"扰航、失控伤人、偷拍侵权、非法侦察等问题日益凸显，已经严重威胁到航空安全、公共安全和国家安全。无人机带来的风险隐患和管理挑战已不容忽视。为了确保飞行安全并满足人们对低空无人机的需求，有关部门制定了相关法律法规，明确了低空安防的责任主体、监管机构和技术标准，加强对低空无人机的管理和安防工作，保障国家社会安全和公民隐私权益。

本章将重点分析国内空域管理和低空安防相关的部分法律法规。这些法律法规的核心目的在于维护国家安全与公共利益，确保飞行活动的规范性，保障飞行安全和航空秩序，并推动航空领域持续稳健发展。本章还介绍了涵盖空域内的飞行限制、飞行许可、飞行规则、飞行监管、违法处罚等方面的内容。为了方便读者开展有针对性的研究，本章提供了概述性的内容指引。我国涉及无人机的主要法律概述见表7-1。

表7-1 我国涉及无人机的主要法律概述

法律法规	颁布单位	颁布时间 实施时间	责任范围	要点概述
《中华人民共和国飞行基本规则》	中华人民共和国国务院、中华人民共和国中央军事委员会	2000年7月24日 2001年8月1日	所有拥有航空器的单位及个人	全面确立我国境内一切飞行活动的基本原则和基础规则
《通用航空飞行管制条例》	中华人民共和国国务院、中华人民共和国中央军事委员会	2003年1月10日 2003年5月1日	所有在我国境内从事飞行活动的单位及个人	规范和管理我国境内通用航空的飞行活动
《无人驾驶航空器飞行管理暂行条例》	中华人民共和国国务院、中华人民共和国中央军事委员会	2023年5月31日 2024年1月1日	所有在我国境内从事无人驾驶航空器飞行以及有关活动的单位及个人	规范民用无人驾驶航空器的设计、生产和使用等全流程活动
《关于加强民用无人机等"低慢小"航空器安全管理的通告》	各省市各部门（暂）	——	所有民用无人机等"低慢小"航空器的拥有者	提出对民用无人机等"低慢小"航空器的安全管理要求和监管措施

7.2 《中华人民共和国飞行基本规则》

《中华人民共和国飞行基本规则》是为了维护国家领空主权，规范中华人民共和国境内飞行活动，加强空中交通环境、航空设施设备的管理，保障飞行活动安全有序进行。该法规于 2000 年 7 月由中华人民共和国国务院、中华人民共和国中央军事委员会颁布，于 2001 年 8 月施行，2007 年 10 月二次修订。全文共有 12 章 124 条，含 3 个附件。

《中华人民共和国飞行基本规则》确立的基本内容如下。

第一章，总则（基本规定）。《中华人民共和国飞行基本规则》第一条"立法目的"开宗明义，明确规定要维护我国领空主权、保障飞行活动安全有秩序地进行。第三条提出施行范围，明确该规则适用于我国境内的一切飞行活动以及飞行管制。第二条和第五条进一步阐明所有拥有航空器的单位、个人以及与飞行相关的人员，在进行飞行活动时必须严格遵守本规则。第九条规定，飞行人员在飞行中，必须服从指挥，严格遵守纪律和操作规程，正确处置空中情况，特殊情况时，航空器的机长才有权决定处置航空器。第十条确立该规则在我国航空管制领域的战略地位，要求各航空管理部门制定的与飞行有关的规范应当符合本规则的规定。

第二章，空域管理。《中华人民共和国飞行基本规则》第十一条明确规定，空域管理应当以维护国家安全为首要目标，同时也要兼顾民用和军用航空的需求以及公众利益。空域管理应实现统一规划，确保空域得到合理、充分、有效的利用。第十二条和第十三条规定，空域的划设和调整都应按照国家有关规定履行审批、备案手续。在划设空域时，必须充分考虑国家安全、飞行需要、飞行管制能力和通信、导航、雷达设施建设，以及机场分布、环境保护等因素。第二十七条指出，升放无人驾驶航空自由气球或者可能影响飞行安全的系留气球，必须事先经有关飞行管制部门批准。具体的管理办法由中华人民共和国国务院、中央军事委员会空中交通管制委员会会同中华人民共和国国务院民用航空主管部门、中国人民解放军空军拟定，报中华人民共和国国务院、中央军事委员会批准后实施。

第三章，飞行管制。《中华人民共和国飞行基本规则》第二十八条明确规定，中华人民共和国境内的飞行管制，由中国人民解放军空军统一组织实施，各有关飞行管制部门按照各自的职责分工提供空中交通管制服务。第二十九条和第三十条提出飞行管制的基本任务和责任划分，以确保相关工作的顺利开展。第三十五条和第三十七条规定，所有飞行活动必须预先提出申请，经批准后方可实施；若未经批准而起飞或者升空，有关单位必须迅速查明情况，采取必要措施，直至强迫其降落。第四十二条强调，空中交通管制员、飞行指挥员（含飞行管制员）应当按照国家有关规定，经过专门培训、考核，取得执照、证书后，方可上岗工作。

第四章，机场区域内飞行。《中华人民共和国飞行基本规则》第四十三条和第四十四条清晰界定机场区域的定义及划设标准，并规定在机场区域内飞行时应当遵守机场使用细则。第四十五条至第六十三条严格规范飞行人员在飞行过程中的操作行为。

第五章，航路和航线飞行。《中华人民共和国飞行基本规则》第六十四条明确规定，航空器使用航路和航线，应当经负责该航路和航线的飞行管制部门同意。第六十六条规定，穿越航路和航线的飞行活动，应当明确穿越的地段、高度和时间，同时保证穿越时与航路和航线飞行的航空器有规定的飞行间隔。第七十条要求飞行人员在飞行中必须遵守有关的飞行规则和飞行任务书中的各项规定，服从飞行指挥，准确实施领航，保持规定的航行诸元，注意观察空中情况，按照规定及时报告航空器位置、飞行情况和天气情况，特别是危险天气现象及其发展情况。

第六章，飞行间隔。《中华人民共和国飞行基本规则》第七十九条明确规定，飞行间隔的定义和分类，以防止飞行冲突，保证飞行安全，提高飞行空间和时间利用率。第八十条和第八十一条进一步规定，航路、航线飞行或者转场飞行的垂直间隔需按照飞行高度层配备，具体的配备标准在附则二给出。至于水平间隔的设定，则由中国人民解放军空军会同中华人民共和国国务院民用航空主管部门共同拟定，报中华人民共和国国务院、中央军事委员会空中交通管制委员会批准。

第七章，飞行指挥。《中华人民共和国飞行基本规则》第八十九条和第九十条明确规定，飞行指挥员及飞行管制员必须切实履行职责，并根据本规则和有关规定实施飞行指挥，维护机场、空中秩序和飞行纪律。第九十七条指出，作战飞行的指挥，按照中国人民解放军有关规定执行。

第八章，飞行中特殊情况的处置。《中华人民共和国飞行基本规则》第九十八条明确飞行中的特殊情况的定义。同时，该规则规定，应当根据情况的性质、飞行条件和可供进行处置的时间来确定对飞行中特殊情况的处置措施。飞行中各种特殊情况的处置办法，由各航空管理部门规定。

第九章，通信、导航、雷达和气象保障。《中华人民共和国飞行基本规则》第一百零四条规定，通信、导航、雷达、气象和航行情报保障部门应当明确任务，认真履行职责，密切协同，周密组织与实施飞行保障工作。第一百零五条至第一百一十一条进一步细化了各保障部门的具体任务和要求，以确保飞行活动的顺利进行。

第十章，对外国航空器的特别规定。《中华人民共和国飞行基本规则》第一百一十二条至第一百一十四条指出，任何外国航空器飞入或者飞出中华人民共和国领空，或者在中华人民共和国境内飞行、停留，必须按照中华人民共和国的有关规定获得批准，必须按照规定的航路飞入或者飞出。第一百一十五条强调，未经批准擅自飞入或飞出中华人民共和国领空的外国民用航空器，中华人民共和国有关空中交通管制部门有权采取必要措施，令其在指定的机场降落。

第十一章，法律责任。《中华人民共和国飞行基本规则》第一百一十六条明确要求，对违反本规则规定的，《中华人民共和国民用航空法》及有关法规对其处罚有明确规定的，从其规定；无明确规定的，适用本章规定。

第十二章，附则。详见《中华人民共和国飞行基本规则》。

7.3 《通用航空飞行管制条例》

《通用航空飞行管制条例》是中华人民共和国根据《中华人民共和国民用航空法》和《中华人民共和国飞行基本规则》制定的第一部关于通用航空飞行管制的军事行政法规。该条例于 2003 年 1 月由中华人民共和国国务院、中华人民共和国中央军事委员会联合发布，2003 年 5 月施行。全文共 7 章 45 条。

《通用航空飞行管制条例》的主要内容如下。

第一章，总则。《通用航空飞行管制条例》的主要目的在于促进通用航空事业的发展，规范通用航空飞行活动，保证飞行安全。该条例适用于所有在中华人民共和国境内从事通用航空飞行活动或从事升放无人驾驶自由气球和系留气球活动的单位及人员。第三条明确通用航空的定义和分类，以更好地理解和规范相关活动。第四条强调，所有从事通用航空飞行活动的单位、个人，必须按照《中华人民共和国民用航空法》的规定取得从事通用航空活动的资格，并遵守国家有关法律、行政法规的规定。第五条进一步规定，飞行管制部门按照职责分工，负责对通用航空飞行活动实施管理，提供空中交通管制服务。相关飞行保障单位应当积极协调配合，做好有关服务保障工作，为通用航空飞行活动创造便利条件。

第二章，飞行空域的划设与使用。《通用航空飞行管制条例》第六条和第七条明确规定，从事通用航空飞行活动的单位、个人，根据飞行活动要求，需要划设临时飞行空域的，如使用机场飞行空域、航路、航线，应当按照国家有关规定向飞行管制部门提出申请，经批准后方可实施。第十条指出，临时飞行空域的使用期限应当根据通用航空飞行的性质和需要确定，通常不得超过 12 个月。

第三章，飞行活动的管理。《通用航空飞行管制条例》第十二条规定，从事通用航空飞行活动的单位、个人实施飞行前，应当向当地飞行管制部门提出飞行计划申请，按照批准权限，经批准后方可实施。第十三条、第十四条和第十六条详细说明飞行计划申请应包含的内容和提交时间，以及需同时提交飞行计划申请和有效的任务批准文件的特殊情况。第十五条规定，使用机场飞行空域、航路、航线进行通用航空飞行活动，其飞行计划申请由当地飞行管制部门批准或者由当地飞行管制部门报经上级飞行管制部门批准。

第四章，飞行保障。《通用航空飞行管制条例》第二十条和第二十一条强调，通信、导航、雷达、气象、航行情报和其他飞行保障部门应当认真履行职责，密切协同，统筹兼顾，合理安排，提高飞行空域和时间的利用率，保障通用航空飞行顺利实施。对于紧急救护、抢险救灾、人工影响天气等突发性任务的飞行，应当优先安排。第二十二条和第二十三条规定，从事通用航空飞行活动的单位、个人组织各类飞行活动，应当制定安全保障措施，严格按照批准的飞行计划组织实施，应当与有关飞行管制部门建立可靠的通信联络，并按照要求报告飞行动态。

第五章，升放和系留气球。《通用航空飞行管制条例》第三十一条明确升放无人驾驶自由气球和系留气球，不得影响飞行安全。第三十二条进一步指出，无人驾驶自由气球和系留气球的分类、识别标志和升放条件等，应当符合国家有关规定。第三十六条和第三十七条规定，升放无人驾驶自由气球和系留气球，应当按照批准的申请升放，并及时向有关飞行管制部门报告升放动态。取消升放时，应当及时报告有关飞行管制部门。第三十九条规定，禁止在依法划设的机场范围内和机场净空保护区域内升放无人驾驶自由气球或系留气球，但是国家另有规定的除外。

第六章，法律责任。《通用航空飞行管制条例》第四十条至第四十四条明确，违反本条例规定的各种情形及相应的处罚措施。违反本条例规定，《中华人民共和国民用航空法》《中华人民共和国飞行基本规则》及有关行政法规对其处罚有规定的，从其规定；没有规定的，适用本章规定。

第七章，附则。本条例自 2003 年 5 月 1 日起施行。

7.4　《无人驾驶航空器飞行管理暂行条例》

《无人驾驶航空器飞行管理暂行条例》是我国为规范无人驾驶航空器飞行以及有关活动，促进无人驾驶航空器产业健康有序发展，维护航空安全、公共安全、国家安全制定的行政法规。该条例于 2023 年 5 月由中华人民共和国国务院、中华人民共和国中央军事委员会公布，2024 年 1 月施行。全文共 6 章 63 条。《无人驾驶航空器飞行管理暂行条例》的基本内容如下。

第一章，总则。《无人驾驶航空器飞行管理暂行条例》第二条清晰界定无人驾驶航空器的定义和分类，并规定在中华人民共和国境内从事无人驾驶航空器飞行及有关活动，应当遵守本条例。第四条详细规定国家空中交通管理领导机构及其他有关部门的责任管理范围。第五条提出，国家鼓励无人驾驶航空器科研创新及其成果的推广应用，促进无人驾驶航空器与大数据、人工智能等新技术融合创新。县级以上人民政府及其有关部门应当为无人驾驶航空器科研创新及其成果的推广应用提供支持。国家在确保安全的前提下积极创新空域供给和使用机制，完善无人驾驶航空器飞行配套基础设施和服务体系。第六条进一步提出，无人驾驶航空器有关行业协会应当通过制定、实施团体标准等方式加强行业自律，宣传无人驾驶航空器管理法律法规及有关知识，增强有关单位和人员依法开展无人驾驶航空器飞行及有关活动的意识。

第二章，民用无人驾驶航空器及操控员管理。《无人驾驶航空器飞行管理暂行条例》第八条规定，从事中型、大型民用无人驾驶航空器系统的设计、生产、进口、飞行和维修活动，应当依法向中华人民共和国国务院民用航空主管部门申请取得适航许可。从事微型、轻型、小型民用无人驾驶航空器系统的设计、生产、进口、飞行、维修以及组装、拼装活动，无需取得适航许可，但相关产品应当符合产品质量法律法规的有关规定以及有关强制性国家标准。第九条指出，民用无人驾驶航空器系统生产者应当按照中华人民共和国国务院工业和信息化主管部门的规定为其生产的无人驾驶航空器设置唯一产品识别码。第十条规定，民用无人驾驶航空器所有者应当依法进行实名登记，具体办法由中华人民共和国国务院民用航空主管部门会同有关部门制定。第十一条规定，使用除微型以外的民用无人驾驶航空器从事飞行活动的单位应当申请取得民用无人驾驶航空器运营合格证。第十六条要求，操控小型、中型、大型民用无人驾驶航空器飞行的人员应当向中华人民共和国国务院民用航空主管部门申请取得相应民用无人驾驶航空器操控员执照。从事常规农用无人驾驶航空器作业飞行活动的人员无需取得操控员执照，但应当由农用无人驾驶航空器系统生产者按照中华人民共和国国务院民用航空、农业农村主管部门规定的内容进行培训和考核，合格后取得操作证书。第十七条表明，操控微型、轻型民用无人驾驶航空器飞行的人员，无需取得操控员执照，但应当熟练掌握有关机型操作方法，了解风险警示信息和有关管理制度。

第三章，空域和飞行活动管理。《无人驾驶航空器飞行管理暂行条例》严格管理飞行活动，第十九条和第二十条指出，国家根据需要划设无人驾驶航空器管制空域，未经空中交通管理机构批准，不得在管制空域内实施无人驾驶航空器飞行活动。第二十七条和第二十八条明确，无人驾驶航空器飞行活动申请的情形以及权限批准等。第三十二条至第三十四条明确，操控无人驾驶航空器实施飞行活动应当遵守的行为规范、避让规则，以及禁止行为等。第三十五条强调，外国无人驾驶航空器或者由外国人员操控的无人驾驶航空器不得在我国境内实施测绘、电波参数测试等飞行活动。

　　第四章，监督管理和应急处置。《无人驾驶航空器飞行管理暂行条例》第三十七条规定，国家空中交通管理领导机构应当组织有关部门、单位在无人驾驶航空器一体化综合监管服务平台上向社会公布审批事项、申请办理流程、受理单位、联系方式、举报受理方式等信息并及时更新。第三十八条规定，任何单位或者个人发现违反本条例规定行为的，可以向空中交通管理机构、民用航空管理部门或者当地公安机关举报。收到举报的部门、单位应当及时依法作出处理；不属于本部门、本单位职责的，应当及时移送有权处理的部门、单位。第三十九条明确规定，空中交通管理机构、民用航空管理部门以及县级以上公安机关应当制定有关无人驾驶航空器飞行安全管理的应急预案，定期演练，提高应急处置能力。县级以上地方人民政府应当将无人驾驶航空器安全应急管理纳入突发事件应急管理体系，健全信息互通、协同配合的应急处置工作机制。无人驾驶航空器系统的设计者、生产者，应当确保无人驾驶航空器具备紧急避让、降落等应急处置功能，避免或者减轻无人驾驶航空器发生事故时对生命财产的损害。使用无人驾驶航空器的单位或者个人应当按照有关规定，制定飞行紧急情况处置预案，落实风险防范措施，及时消除安全隐患。第四十条要求，无人驾驶航空器飞行发生异常情况时，组织飞行活动的单位或者个人应当及时处置，服从空中交通管理机构的指令；导致发生飞行安全问题的，组织飞行活动的单位或者个人还应当在无人驾驶航空器降落后 24 小时内向空中交通管理机构报告有关情况。第四十二条规定，无人驾驶航空器违反飞行管理规定、扰乱公共秩序或者危及公共安全的，空中交通管理机构、民用航空管理部门和公安机关可以依法采取必要技术防控、扣押有关物品、责令停止飞行、查封违法活动场所等紧急处置措施。

　　第五章，法律责任。《无人驾驶航空器飞行管理暂行条例》第四十四条至第五十六条详细阐述了违反本条例规定的有关情形及处罚。

　　第六章，附则。详见《无人驾驶航空器飞行管理暂行条例》。

7.5 《关于加强民用无人机等"低慢小"航空器安全管理的通告》

由于国家尚未明确发布《关于加强民用无人机等"低慢小"航空器安全管理的通告》的法律法规，为了让读者更好地了解相关内容，本章节根据各省市有关部门公布的相关规范性文件，进行了归纳整理。但需要注意的是，具体的法律条文及规定应以官方最新发布的内容为准。

为规范民用无人机等"低慢小"航空器飞行活动，维护航空秩序，保障国家安全和社会公共安全，保护公民人身和财产合法权益，根据《中华人民共和国治安管理处罚法》《中华人民共和国飞行基本规则》《通用航空飞行管制条例》等法律法规，现就加强民用无人机等"低慢小"航空器安全管理通告的基本内容进行阐述，具体如下。

第一，航空器管理。"低慢小"航空器是指低空、慢速、小型航空器和空飘物，包括轻型和超轻型飞机、轻型直升机、滑翔机、三角翼、动力三角翼、滑翔伞、动力伞、热气球、飞艇、民用无人机、模型航空器（含航空模型和航天模型）、无人驾驶自由气球、系留气球等主要类型。所有民用无人机拥有者，应当按照民用航空管理相关规定予以实名登记；其他"低慢小"航空器拥有者，应当主动配合属地公安派出所做好相关信息采集工作。

第二，操作者管理。在某个行政区域内进行民用无人机等"低慢小"航空器飞行活动前，应当依法取得相应的飞行资质，遵守无线电管理、通用航空飞行申请管理、经营活动管理等有关规定，配合相关安全监管部门开展资质审定、无线电检查等工作，并可以通过智能无人机管理服务系统进行信息核验、飞行报告等一系列便捷操作。

第三，飞行限制区域管理。划定民用无人机等"低慢小"航空器的禁飞区、限飞区和警示区，确保飞行活动不影响国家安全和公共安全。除了特别批准，禁止民用无人机等"低慢小"航空器在以下管控区域上方进行飞行活动。

（一）军用机场净空保护区及各民用机场限制面保护范围。

（二）军事禁区和军工重要科研、生产、试验、存储设施保护区，及其周边500米范围。

（三）军事管理区、市级以上党政机关、监管场所，及其周边 100 米范围。

（四）发电厂、变电站、加油站和大型车站、码头、港口，及其周边 50 米范围。

（五）高速铁路和城市轨道交通地面、高架线路，及其两侧各 100 米范围。

（六）普通铁路和国道、省道，及其两侧各 50 米范围。

（七）政府实施临时管制的区域。

第四，安全意识培养。鼓励民用无人机等"低慢小"航空器拥有者、使用者在进行飞行活动前，投保第三者责任险。组织开展安全宣传教育活动，向民众普及飞行安全知识、操作规范和相关禁令。

第五，其他管理。因安全保卫、应急救援、现场勘察、施工作业、气象探测等工作需要，需在上述所提的管控区域内进行民用无人机等"低慢小"航空器飞行活动的，应当依法预先向空军和可能涉及的民航空中管制部门或气象部门，或者军事设施保护机构提出申请，获得批准后方可开展作业。

第六，违规处罚。违反上述规定，擅自进行民用无人机等"低慢小"航空器飞行活动的，相关主管部门将按照各自职责依法处理，必要时依法采取紧急处置措施。构成违反治安管理行为的，依法予以治安管理处罚；构成犯罪的，依法追究刑事责任。

7.6　小结

本章主要介绍了关于空域管理和低空安防的相关法律法规，包括《中华人民共和国飞行基本规则》《通用航空飞行管制条例》《无人驾驶航空器飞行管理暂行条例》，以及《关于加强民用无人机等"低慢小"航空器安全管理的通告》，重点阐述了这些法律法规的出台时间和制定目的，以及文件中的基本内容，使读者充分理解我国在空域管理和低空安防方面的法律法规，加强低空安防意识。这些内容有助于我们在日常使用无人驾驶航空器时，坚持安全第一，严格遵守飞行规范，避免做出可能损害自身、他人乃至国家利益的行为，为顺利开展临地安防工作提供宝贵的借鉴和参考，也为低空无人驾驶航空器的合理管理和安全应用提供坚实的法律保障。

7.7 课后习题

1. 请概述制定空域管理和低空安防法律法规的目的。

2. 请简述《中华人民共和国飞行基本规则》制定的目的。

3. 请简述《通用航空飞行管制条例》的基本规定。

4. 请简述《无人驾驶航空器飞行管理暂行条例》制定的目的。

5. 请简述《关于加强民用无人机等"低慢小"航空器安全管理的通告》中关于航空器管理的内容。

第8章 低空无人机集群反制技术发展

本书深入探讨了低空无人机集群的安全挑战及相应的反制措施。通过对各个章节的详细讨论，我们对低空安防、反制技术、态势感知和推演、效能评估、典型系统，以及法律法规等方面有了深入了解。本章我们将对全书内容进行简单总结，并对未来的低空无人机集群反制技术进行了展望。

8.1 总结

8.1.1 低空安防的重要性和挑战

本书首先深入研究了低空安防的重要性。随着无人机技术的迅猛发展，低空空域逐渐成为举办各类活动的重要场所。然而，这也带来了无人机被恶意使用的安全威胁，例如无人机的小型化和智能化，使其可以轻易进入重要场所附近的低空空域，而这些区域往往缺乏有效的监测和防御。恶意攻击者可以利用无人机进行偷窥、运送危险物品、进行电子干扰等非法活动。另外，随着无人机的商业化，日益增多的无人机使用者也可能因违规操作或飞行失控，对低空安全造成意外威胁。另外，重要设施的低空防御系统可能存在被黑客攻击或遭受电子干扰的风险。因此，低空安防的研究迫在眉睫。

8.1.2　反制技术的研究与应用

在"面向低空无人机集群的综合反制技术"章节中，我们介绍了低空无人机集群的特点、安防挑战、反制的基本内涵，以及反制技术的特点，深入研究了各类反制技术，包括电磁干扰、物理拦截、信号干扰等多种手段。通过对这些技术的分析，我们可以看到目前反制技术已经取得了显著的进展，但也面临一系列的技术难题。

8.1.3　态势感知和推演的重要性

针对"面向无人机集群的态势感知和推演"章节，我们了解到在低空无人机集群反制中，准确的态势感知和推演是至关重要的。这不仅涉及技术手段，还包括对情报信息的分析和利用。围绕面向低空无人机集群的态势感知与推演，此章节开展了低空无人机集群目标侦测手段、低空无人机集群目标的多模态信息融合技术、低空无人机集群目标检测与定位跟踪、低空无人机集群目标的意图识别和低空无人机集群目标的威胁度评估 5 个方面的研究。

8.1.4　综合反制技术的发展趋势

通过对"综合反制技术的发展趋势"章节的研究，我们了解到面对低空无人机集群的威胁，构建综合反制体系成为当务之急。该章节深入探讨了低空无人机集群反制的多种样式，包括干扰阻断、临检拿捕、监测控制，以及打击毁伤等反制方法。其中，博弈驱动的协同反制突出对反制作战任务要素的分析和博弈建模方法的重要性。此外，针对低空无人机集群反制协同决策技术，研究了基于遗传算法的区域作战筹划、哈里斯鹰优化算法的综合反制预案，以及强化学习的动态决策算法。最后，通过实例展示深入剖析了这些技术在实际场景中的应用与效果，为应对低空无人机集群威胁提供了多角度的解决方案。

8.1.5 综合评估低空无人机集群的反制效能

通过对"面向低空无人机集群的反制效能评估"章节的研究，旨在全面了解防空系统在侦测、决策和毁伤能力方面对无人机集群的反制水平。通过深入研究对无人机集群的侦测能力、决策能力，以及反制能力的全面评估，系统总结了低空无人机集群反制效能评估的核心指标，为反制系统的构建和迭代优化提供了有益的参考。这一过程有助于确保反制方能够有效地对抗不断演变的无人机带来的各种威胁，最终实现良好的低空无人机集群反制效果，保障低空安全。

8.1.6 低空无人机反制系统

通过对"低空无人机反制系统"章节的研究，详细分析了国内外低空无人机集群反制的现状及其典型应用。具体而言，侦干一体化车载反无人机系统是专门为检测、跟踪和应对入侵无人机而设计的设备。其独特之处在于高度集成、卓越机动性和快速现场部署。车载式无人机侦测管制集成系统则是一种全面技术集成系统，其目标在于全面检测、识别和管理低空飞行的无人机，以保障领空的安全并保护敏感地区。另外，基于便携式导航诱骗的反无人机系统通过模拟卫星导航信号来"欺骗"无人机内部的定位装置，从而实现对无人机的精准控制。

8.1.7 空域管理法规的制定和完善

通过对"空域管理和低空安防法律法规"章节的研究，我们认识到单一的反制手段难以适应多样化的威胁。在系统层面上，需要实现多种反制手段融合的协同作战，形成更加完备的防御体系。同时，法规的制定和完善对于规范无人机使用、保护低空安全至关重要。

8.2 未来展望

随着科技的不断进步，低空无人机集群反制将面临更为广阔的发展空间。首先，技术创新将推动反制手段的不断升级，提高反制效能。其次，数据共享和处理能力的提升将有助于低空无人机集群更加准确地进行态势感知和推演。最后，国际合作也将成为推动领域发展的关键，促进各国合作，共同应对全球性的低空安全挑战。

总体而言，本书深入剖析了低空无人机集群反制的多个方面内容，为无人机领域的研究者、从业者和政策制定者提供了丰富的知识和参考。未来，我们期待实现更多的跨学科合作，在技术创新、系统集成、智能化发展、应用扩展和法规政策等方面协同发展，推动低空无人机集群反制技术的创新，更好地应对不断演变的低空无人机集群威胁，维护低空空域安全，保障国家安全和社会稳定。

8.2.1　技术创新

未来，低空无人机集群反制领域将持续进行技术创新，以更好地适应不断变化的各种威胁。一些可能的技术创新如下。

高效电磁干扰技术：针对不同频段和协议的通信系统，开发更为高效、精准的电磁干扰技术，以降低对周边设备和通信系统的干扰。

激光武器系统升级：提高激光武器系统的输出功率和射程，增强对低空无人机集群的精准打击能力。

先进的目标识别和追踪技术：引入先进的人工智能和机器学习技术，提高对低空无人机集群的实时目标识别和追踪能力，降低误伤概率。

8.2.2　系统集成

未来的低空无人机集群反制系统将更加注重系统集成，通过整合多种反制技术，形成综合、全面的反制体系。系统集成的创新主要包括以下两个方面。

一是多模态融合：将电磁干扰、激光武器、火力拦截等多种反制手段进行融合，提高反制系统的适应性和应对能力。

二是联合作战能力：实现不同反制系统之间的联动与协同，形成更为智能、高效的反制网络，以更好地对抗复杂多变的无人机威胁。

8.2.3　智能化发展

未来的低空无人机集群反制系统将更加智能化，借助人工智能和自主决策技术，实现更高水平的环境自适应和反制智能化。

感知与决策一体化：利用先进传感技术，将感知与决策整合为一体，实现更为智能的目标识别和反制决策。

自主协同反制：反制系统能够实现自主协同反制，即时响应和灵活调整，提高整体作战效能。

8.2.4 应用扩展

未来的低空无人机集群反制技术不仅限于军事领域，还广泛应用于民用和商业领域。

保障公共安全：在城市管理、大型活动和交通安全等方面，利用低空无人机集群反制技术维护公共安全。

商业保密和隐私保护：在商业领域，开发适用于防止商业间谍和信息窃取的反制技术，保障商业活动的安全。

8.2.5 法规政策

为了更好地应对无人机集群的各种威胁，未来应制定更为完善的法规和政策，确保低空无人机集群反制的合法性和规范性。

国际标准化：推动国际社会建立统一的低空无人机集群反制标准，促使各国之间共同遵循相关规定。

合法使用框架：制定明确的法规，规范低空无人机集群的合法使用范围和条件，保护合法使用者权益。

总体而言，未来低空无人机集群反制将侧重于技术创新、系统集成、智能化发展、应用扩展和法规政策等多个方面的综合发展，以更好地保障社会的安全和稳定。

附录　课后习题参考答案

第 1 章　低空安防

1. 请简述临地安防的定义。

> **答**
>
> 临地安防是指面向临地空间（海平面以下 100 米，地面以上 1000 米核心区域）内防卫、防护、生产、安全、救援等需求的多元化、跨域化、立体化、协同化、智能化技术体系，具体应用场景包括低空安防、水下安防，以及跨域安防等。

2. 请简述低空安防的基本内涵。

> **答**
>
> 低空安防是临地安防领域的重要组成部分，主要融合利用雷达、光电相机、无线电频谱检测等探测技术和电磁干扰、激光致盲、捕捉网等反制手段，防范来自低空空域的威胁，包括但不限于未经空域授权"黑飞"无人机、体育赛场重大活动场所、军事管理区等重点禁飞区域侵入的小型飞机、机场跑道附近低空飞行的鸟类、低空投放的危险物品等。

3. 请概述低空安防研究的主要原因。

> **答**
>
> 在科学技术快速发展、国际形势深刻变化，以及国家需求日益增长等多重因素的共同驱使下，低空空域的安全需求呈现不断攀升的态势。主要体现在：无人机前沿技术迅猛发展；无人机集群深刻改变着现代战争样式；国家安全与低空经济的重大发展需求。

4. 请概述低空安防技术的特点。

答

　　低空安防的特点主要体现在技术角度、应用领域、法律和道德层面，具体包括侦测多元化与反制智能化、应用领域广泛、多重法律规范与道德约束。

5. 请概述低空安防研究的意义。

答

　　随着这些飞行器的数量与种类的不断增加，低空安全防护的需求日益凸显，这使低空安防研究的重要性愈发突出。此外，低空安防对于维护国家安全、保障公共安全，以及促进低空飞行技术健康发展起到关键作用，主要体现在低空经济、公共安全、应急管理，以及军事国防几个方面。

第2章 低空无人机集群反制概述

1. 请简述低空无人机集群的特点。

答

　　飞控结构特点，即高效性、灵活性、实时性、智能性、自适应性、隐蔽性。

　　集群组网特点，即通信拓扑Mesh化、自组织和自适应性、多路径通信实时性。

　　协同作战特点，即决策协同性、控制分布式、路径规划智能集群化。

2. 请简述低空无人机集群安防面临的挑战。

答

　　这些挑战主要体现在集群异质化、通信扰动多样化、协同控制复杂化、智能决策自主化几个方面。

3. 请简述低空无人机集群的基本内涵。

答

　　低空无人机集群反制是指采取一系列技术手段和组织策略，对低空范围内的无人机集群进行监测、识别，并进行有效应对的系统性行动，主要包括态势感知、综合反制规划、反制效能评估。

4. 请简述低空无人机集群反制技术的特点。

答

　　这些特点主要表现在侦测多源化、察打一体化、反制多元化、装备轻量化、系统智能化、效能评估体系化。

第3章 面向低空无人机集群的态势感知与推演技术

1. 请简述低空无人机集群目标侦测手段。

答

　　传统探测手段，即雷达、光电、无线电探测、声波。
　　新兴探测手段，即数据链路侦测、融合侦测。

2. 请简述无人机集群目标多模态信息融合技术。

答

　　多模态信息融合技术包括多模态信息融合体系架构和多模态信息融合算法。其中，多模态信息融合体系架构是指将处理后的数据进行融合的过程，包括数据层、特征层、决策层3个层面。多模态信息融合算法包括加权平均法、贝叶斯方法、卡尔曼滤波、DS证据理论，以及深度学习方法等。

3. 请简述低空无人机集群目标检测与定位跟踪技术。

答

　　目标检测与定位跟踪技术在临地安防中具有重要意义，帮助部队及时发现、识别和跟踪敌方目标，提供关键情报和战术支持。

目标检测技术通过分析目标的图像和视频数据，可以检测出敌方目标的位置、大小、形状等特征信息，从而提供实时的战场情报等信息。

定位跟踪技术用于追踪已检测到的目标，并预测其未来的位置和行动。通过结合传感器数据、运动模型和滤波方法，可以实现对目标的持续跟踪，并提供高精度的位置和速度信息，以支持部队的打击和防御决策。在军事领域中，目标检测与定位跟踪技术的应用广泛，具体包括目标识别、边界检测、交通监控、火力控制等。

4. 请概述低空无人机集群目标的意图识别技术。

答

根据作战目标所处空间，目标意图可以分为空中目标意图、海上目标意图、水下目标意图、陆地目标意图和空间目标意图。根据战争层次，目标意图可以划分为战略意图、战役意图和战术意图。

目前，多种方法应用于作战意图识别的研究，可归纳为模板匹配、专家系统、贝叶斯网络和神经网络等。空战对抗过程中的目标状态数据呈现时序性特征，时序神经网络可以有效地挖掘数据之间的关联性，实现对目标意图的精准识别。

5. 请概述低空无人机集群目标的威胁度评估技术。

答

态势推演是描述对敌对势力的行动、部署、意图和能力进行分析和预测的过程。这一概念旨在帮助决策者更好地理解当前形势，以及理解未来可能的变化趋势。态势推演可以实现对不同威胁的性质和潜在威胁程度的评估，使战场指挥员充分理解战场态势并做出正确战术决策的重要前提。

第4章　面向低空无人机集群的综合反制技术

1. 低空无人机集群有几种反制样式？请简要描述并分别列举其主要方式或涉及的相关技术。

答

4种反制样式。

（1）干扰阻断：根据干扰对象的不同，干扰阻断的方式主要有定位信号干扰和飞控信号干扰。

（2）临检拿捕：根据所用工具的不同，常见的拿捕类反制技术主要有网捕式和鸟捕式。

（3）监测控制：监测控制的主要方式有定位信号欺骗和飞控信号欺骗。

（4）打击毁伤：常见的打击毁伤类反制技术主要有常规武器、微波武器、声波武器和特制无人机。

2. 假设在低空无人机集群反制场景下，建立一个表征无人机集群博弈过程的数学模型。

答

无人机集群博弈问题，可抽象为博弈参与者 N、博弈策略 Φ、博弈信念 P、博弈收益 U、博弈状态 S 和物理引擎 E 组成的 $\langle N, \Phi, P, U, S, E \rangle$ 六元组决策问题。其中，参与者为制定策略并执行策略的主体，N 为参与者的集合；Φ 是博弈策略空间，包含了参与者所能选择并执行的所有策略；P 是参与者信念的集合，表达参与者通过从环境获取信息，选择各个策略的概率；U 是收益函数的集合，表示博弈过程中无人机集群和反制方的收益；环境 E 是指环境状态更新的一系列物理引擎，例如单元的运动学模型、打击轨迹运动模型和单元对环境的探测模型等，用于实现状态对策略的响应。

①博弈参与者：$N = (N_\mathrm{p}, N_\mathrm{s})$。其中，$N_\mathrm{p}$ 对应算法控制的无人机集群，N_s 对应规则控制的反制系统。

② 博弈策略：$\Phi = (\Phi_p, \Phi_s)$。其中，$\Phi_p = \{\Phi_{p_1}, \Phi_{p_2}, \cdots, \Phi_{pn}\}$ 表示集群的策略集合，$\Phi_s = \{\Phi_{s_1}, \Phi_{s_2}, \cdots, \Phi_{sn}\}$ 表示反制的策略。

③ 博弈信念：$P = (P_p, P_s)$。其中，$P_p : P_i = f(O_{p(S)})$ 表示的是无人机集群根据对状态 S 的观测 $O_{p(S)}$，选择策略 Φ_i 的概率函数。同理有 $P_s : P_i = f(O_{s(S)})$，表示基于环境 S 的观测 $O_{s(S)}$，选择策略 Φ_i 的概率函数。

④ 博弈收益：$R_2 = \left[\dfrac{P_t G_t^2 \lambda^2 \sigma}{(4\pi)^3 kT \Delta f F \mathrm{SNR}_{\min} L_t} \right]^{\frac{1}{4}}$。博弈双方的收益与环境一一对应，具体表现为某一单元 N_i 选择策略 Φ_i，使环境变为 E_i，并得到环境 E_i 对应的收益。

⑤ 博弈状态：$S = \{S_1, S_2, \cdots, S_n\}$。其中，$S$ 表示在某一时刻，用于表征博弈问题的一系列特征量。本节研究的是不完全信息两方博弈，博弈状态包括无人机集群和反制系统各自获得的状态信息。

⑥ 物理引擎：$E = \{E_1, E_2, \cdots, E_n\}$。

3. 请概述应用于无人机集群对抗环境中的 MADDPG 算法网络结构。

答

MADDPG 算法是一种经典的多智能体强化学习算法，采用"集中式训练、分布式执行"的方式，能够适用于环境不稳定的情况，可应用在合作、竞争及混合合作竞争的多智能体环境中。假设有 N 个无人机设备，对于每个无人机设备均有各自独立的 Actor 策略网络和 Critic 评价网络，设定 Actor 当前网络和目标网络的参数分别为 $\theta = \{\theta_1, \cdots, \theta_N\}$、$\theta' = \{\theta'_1, \cdots, \theta'_N\}$，Critic 当前网络和目标网络的参数分别为 $w = \{w_1, \cdots, w_N\}$、$w' = \{w'_1, \cdots, w'_N\}$。由于每个无人机设备的 Critic 网络不仅输入自身的观测状态及动作信息，也包括其他无人机设备的状态及动作信息，所以对于 MADDPG 算法，第 i 个无人机设备的 Actor 策略网络和 Critic 值函数网络的输入输出关系可表述为：$a_i = \mu(o_i; \theta_i)$，$q_i = Q(o, a; w_i)$。其中，每个无人机集群的 Critic 网络输入相同。

4. 请概述区域防空部署应用的研究流程。

答

对区域防空部署应用的研究流程如下。

① 要地单点防空区域化。

② 建立区域防空最优部署目标函数。

③ 基于遗传算法求解区域防空最优部署方案。

④ 区域防空部署遗传算法模型优化分析。

5. 请简述基于强化学习的协同反制动态决策算法。

答

策略梯度算法使用参数 θ 来近似化策略 $\pi_\theta(s)$，通过最大化智能体所获得的累积回报值来更新策略参数 θ，最终获得最优策略 $\pi_{\theta^*}(s)$（最优策略参数），从而通过最优策略完成具体的任务。当策略 $\pi_\theta(s)$ 由参数 θ 建模完成后，需要建立关于参数 θ 的目标函数 $R(\theta)$，从而利用基于梯度的优化算法不断优化目标函数 $R(\theta)$ 来更新参数 θ，得到最优策略参数 θ^*，进一步得到最优策略 $\pi_{\theta^*}(s)$。

在强化学习中，用 $\tau = \{s_1, a_1, s_2, a_2, \cdots, s_t, a_t\}$ 表示每次仿真的状态——行为序列。在给定参数 θ 时，可以计算某个轨迹 τ 发生的概率为 $p_\theta(\tau) = p(s_1) \prod_{t=1}^{T} p_\theta(a_t|s_t) p(s_{t+1}|s_t, a_t)$。

强化学习的目标是最大化智能体所获得的累积回报。因此，策略梯度算法的目标函数可以设置为不同轨迹出现的概率 $p_\theta(\tau)$ 和该轨迹的回报值 $R(\tau)$ 乘积的期望值，即 $\bar{R}(\theta) = \sum_\tau R(\tau) p_\theta(\tau) = E_{\tau \sim p_\theta(\tau)}[R(\tau)]$。

第5章 面向低空无人机集群的反制效能评估

1. 请简述低空无人机集群反制效能评估关键要素。

答

（1）侦测能力评估要素，具体包括探测感知能力、跟踪识别能力、多目标处理能力等。

（2）决策能力评估要素，具体包括数据传输与共享、实时决策和反制措施、实时调整和优化等。

（3）毁伤能力评估要素，具体包括毁伤效果评估、精确打击能力、毁伤范围和影响区域评估等。

2. 请简述低空无人机集群反制效能评估基本准则。

答

该准则主要分为杀伤范围、环境影响，以及成本效益3个部分。其中，杀伤范围是指反制武器造成伤害的区域范围，即影响到的空间范围，通常以半径、直径或面积来表示；环境影响是指反制作战行动对周围环境的影响，包括地理、气象、生态等方面；成本效益旨在分析使用特定反制武器或手段对无人机集群进行反制的成本，与所获得的反制收益和影响进行比较。

3. 请简述效能评估量化指标的基本内涵。

答

该指标的基本内涵包括探测效能评估、抗击效能评估、保护效能评估、适应能力评估、生存能力评估、攻击能力评估和多目标决策效能综合评估。

4. 请概述效能评估量化指标构建的基本步骤。

答

该指标构建的基本步骤包括确定评估准则、选择和定义评估指标、指标权重分配和综合分析与评价。

5. 请概述低空无人机集群反制效能综合评估架构。

答

　　低空无人机集群反制效能综合评估架构全域综合评估架构关注战场空域的动态感知、态势分析和威胁评估能力，突出认知域、信息域和物理域的关键因素，为无人机集群反制系统提供全面、精准的决策支持。在认知域方面，专注于先进感知技术、人工智能和机器学习算法对无人机集群的特征、行为和意图的识别和理解能力。此外，综合评估对反制体系的威胁预警和感知能力进行考察，以确保反制系统对威胁有全面的认知。在信息域方面，强调信息流的处理和充分利用，专注于评估通信和信息交互的有效性。该评估涉及反制体系对无人机集群实时监测和数据分析的能力，旨在保障信息域内的反制效能。在物理域方面，重点关注物理手段的反制效能，包括无人机的定位、追踪和干扰技术。评估反制手段的可操作性和可控性，以确保低空无人机集群反制的时效性。

第6章　低空无人机集群反制的典型系统

1. 请简述世界主要国家和地区反无人机系统的特点。

答

　　美国侧重于建设高效防空体系；欧盟的一些国家，例如德国开发了多种反无人机系统；俄罗斯注重无人机领域的建设与发展；以色列侧重于建设先进的国防工业和科技；中国注重的是积极加强自身的无人机反制能力建设。

2. 请简述低空无人机集群反制的典型系统的基本类型。

答

　　典型系统基本类型包括侦干一体化车载反无人机系统、车载式无人机侦测管制集成系统、基于便携式导航诱骗的反无人机系统等。

3. 请描述车载反无人机系统的应用场景。

答

　　车载反无人机系统主要用于保护敏感区域和场所，例如政府机构、军事基地、大型活动和关键基础设施，确保无人机的合法使用和维护安全。

4. 请概述车载式无人机侦测管制集成系统的工作原理和特点。

答

　　工作流程包括侦测无人机、识别和分类、实时监控、报警和警告、干扰和控制、数据分析和记录等，可适应各种场景，例如大型活动、安保任务或边境巡逻，能够实现灵活部署，在防范非法侵入、确保领空和关键设施的安全，以及保护隐私方面发挥着重要作用。

5. 请概述基于便携式导航诱骗的反无人机系统实现无人机控制的基本原理。

答

　　通过模拟卫星导航信号来欺骗无人机内部的定位装置，实现对无人机的控制和接管。

第7章　空域管理和低空安防法律法规

1. 请概述制定空域管理和低空安防法律法规的目的。

答

　　随着科技的快速发展，我国无人机技术已广泛应用于农业、物流、科研、国防等领域。其中，低空民用无人机占据了重要地位，其普及为人们的生活提供了诸多便利，使该领域的应用呈现爆发式的增长态势。然而，在实际使用中，无人机"黑飞"扰航、失控伤人、偷拍侵权、非法侦察等问题日益凸显，严重威胁到航空安全、公共安全和国家安全，风险隐患和管理挑战已不容忽视。但传统的空域管理和安防手段已经无法处理日益增长的无人机数量和多样化的应用需求导致的各种问题，更无法有效应对低空无人机集群带来的威胁。为了确保飞行安全并满足人们对于低空无人机的需求，有关部门制定了相关法律法规，明确了低空安防的责任主体、监管机构和技术标准，以加强对低空无人机的管理和安防工作，保障国家社会安全和公民隐私权益。

2. 请简述《中华人民共和国飞行基本规则》制定的目的。

答

　　《中华人民共和国飞行基本规则》是中华人民共和国为了维护国家领空主权，规范境内飞行活动，加强空中交通环境、航空设施设备的管理，保障飞行活动安全有序进行而制定的行政法规。

3. 请简述《通用航空飞行管制条例》的基本规定。

答

　　《通用航空飞行管制条例》的主要目的是促进通用航空事业的发展，规范通用航空飞行活动，并保证飞行安全。该条例适用于所有在中华人民共和国境内从事通用航空飞行活动或升放无人驾驶自由气球和系留气球活动的单位及人员。该条例的第三条明确通用航空的定义和分类，以更好地理解和规范相关活动。该条例的第四条强调，所有从事通用航空飞行活动的单位、个人，必须按照《中华人民共和国民用航空法》的规定取得从事通用航空活动的资格，并严格遵守国家有关法律、行政法规的规定。该条例的第五条进一步规定，飞行管制部门按照职责分工，负责对通用航空飞行活动实施管理，提供空中交通管制服务。同时，相关飞行保障单位应当积极协调配合，做好有关服务保障工作，为通用航空飞行活动创造便利条件。

4. 请简述《无人驾驶航空器飞行管理暂行条例》制定的目的。

答

　　《无人驾驶航空器飞行管理暂行条例》是我国为规范无人驾驶航空器飞行以及有关活动，促进无人驾驶航空器产业健康有序发展，维护航空安全、公共安全、国家安全而制定的行政法规。

5. 请简述《关于加强民用无人机等"低慢小"航空器安全管理的通告》中关于航空器管理的内容。

答

"低慢小"航空器是指低空、慢速、小型航空器和空飘物，包括轻型和超轻型飞机、轻型直升机、滑翔机、三角翼、动力三角翼、滑翔伞、动力伞、热气球、飞艇、民用无人机、模型航空器（含航空模型和航天模型）、无人驾驶自由气球、系留气球等主要类型。所有民用无人机拥有者，应当按照民用航空管理相关规定予以实名登记；其他"低慢小"航空器拥有者，应当主动配合属地公安派出所做好相关信息采集工作。

参考文献

[1] 李学龙. 临地安防（Vicinagearth Security）[J]. 中国计算机学会通讯，2022，18(11): 44–52.

[2] 李学龙. 涉水光学 [J]. 中国科学: 信息科学，2024，54(2): 227–280.

[3] 高君宇，尹阁豪，李学龙. 智能航空传感器故障诊断一体化架构设计 [C]//中国航空学会. 第六届中国航空科学技术大会论文集. 西北工业大学光电与智能研究院; 西北工业大学计算机学院，2023: 584–592.

[4] 李学龙. 多模态认知计算 [J]. 中国科学: 信息科学，2023，53(1): 1–32.

[5] 李学龙，史建华，董永生，等. 场景图像分类技术综述 [J]. 中国科学: 信息科学，2015，45(7): 827–848.

[6] 李学龙. 无人机续航能力 [J]. 中国科学: 信息科学，2023，53(7): 1233–1261.

[7] Ji Z, Xiong K, Pang Y, et al. Video summarization with attention-based encoder–decoder networks[J]. IEEE Transactions on Circuits and Systems for Video Technology，2020，30(6): 1709–1717.

[8] 杨昊，高君宇，李学龙. 基于自适应重采样的试飞数据异常检测 [C]//中国航空学会. 第六届中国航空科学技术大会论文集. 西北工业大学计算机学院; 西北工业大学光电与智能研究院，2023: 1546–1553.

[9] Gao J, Zhao L, Li X. NWPU-MOC: A benchmark for fine-grained multicategory object counting in aerial images[J]. IEEE Transactions on Geoscience and Remote Sensing，2024，62: 1–14.

[10] 十九届中央国家安全委员会第一次会议召开 [J]. 实践（党的教育版），2018，(5): 6.

[11] 中华人民共和国国务院新闻办公室. 新时代的中国国防 [N]. 解放军报，2019–7–25(3).

[12] 《智能集群无人机集群系统发展白皮书》发布 [EB/OL]. 中国电子技术标准化研究院，2021.

[13] Chen J，Sun J，Wang G. From unmanned systems to autonomous intelligent systems[J]. Engineering，2022，12(5): 16–19.

[14] 王四洋. 无人机集群在海上救援中的应用 [J]. 航海技术，2023，(6): 73–75.

[15] 职雪刚，马小东. 基于消防应急救援的无人机集群系统研究 [J]. 今日消防，2023，8(10): 23–25.

[16] 于显利，汪志刚，张芳芳. 基于无人机集群技术的地球物理探测应用探讨 [C]//中国地球物理学会金属矿勘查专业委员会. 第二届全国矿产勘查大会论文集. 吉林大学地球探测科学与技术学院; 吉林省地质矿产勘查开发局; 齐鲁工业大学（山东省科学院）信息与自动化学院，2023: 172.

[17] 武晓龙，吴涛涛，张震. 高端战争中低成本无人机集群作战研究 [J]. 战术导弹技术，2023，(5): 157–163.

[18] 王传云，苏阳，王琳霖，等. 面向反制无人机集群的多目标连续鲁棒跟踪算法 [J]. 航空学报，2024，45(7): 261–274.

[19] 王传云，司可意. 低空空域小型无人机目标检测算法 [J]. 沈阳航空航天大学学报，2023，40(2): 54–62.

[20] 谢海斌，闫家鼎，庄东晔，等. 无人机集群反制技术剖析 [J]. 国防科技，2021，42(4): 10–16.

[21] 闫家鼎，谢海斌，庄东晔. 无人机集群对要地防空的威胁及反制对策研究 [J]. 飞航导弹，2021，(7): 56–61.

[22] 杨光. 无人机集群位置感知系统安全研究 [D]. 华东师范大学，2021.

[23] 唐帅文，周志杰，姜江，等. 考虑扰动的无人机集群协同态势感知一致性评估 [J]. 航空学报，2020，41(S2): 13–23.

[24] Tian B，Liu L，Lu H，et al. Multivariable finite time attitude control for quadrotor UAV: Theory and experimentation[J]. IEEE Transactions on Industrial Electronics，2018，65(3): 2567–2577.

[25] Ji J，Zhou，et al. CMPCC: Corridor-based model predictive contouring control for aggressive drone flight[J]. Experimental Robotics，2021: 37–46.

[26] Ding Z，Yang T，Zhang K，et al. VID-Fusion: Robust visual-inertial-dynamics odometry for accurate external force estimation[J]. 2021 IEEE International Conference on Robotics and Automation（ICRA），2021: 14469–14475.

[27] Seo H，Lee D，Son C Y，et al. Robust trajectory planning for a multirotor against disturbance based on Hamilton-Jacobi reachability analysis[J]. 2019 IEEE/RSJ International Conference on Intelligent Robots and Systems（IROS），2019: 3150–3157.

[28] Yang J，You X，Wu G，et al. Application of reinforcement learning in UAV cluster task scheduling[J]. Future Generation Computer Systems，2019，95: 140–148.

[29] Jiahui Y，Juncheng Q，Hongwei G. Forest wildfire monitoring and communication UAV system based on particle swarm optimization[J]. Journal of Physics: Conference Series，2021，1982(1).

[30] Tortonesi M，Stefanelli C，Benvegnu E，et al. Multiple-UAV coordination and communications in tactical edge networks[J]. IEEE Communications Magazine，2012，50(10): 48.

[31] 刘学达，何明，禹明刚，等. 基于公共物品博弈的无人机集群弹药分配方法[J]. 控制与决策，2022，37(10): 2696–2704.

[32] 常昊. 低空飞行目标检测系统设计 [D]. 西安电子科技大学，2020.

[33] 刘佳杰. 基于模体的无人机集群任务规划方法 [D]. 国防科技大学，2018.

[34] 郑璐，彭月平，周彤彤，等. "低慢小"飞行目标探测与融合技术综述 [J]. 飞航导弹，2021，(12): 93–98+110.

[35] 刘雷，刘大卫，王晓光，等. 无人机集群与反无人机集群发展现状及展望 [J]. 航空学报，2022，43(S1): 4–20.

[36] 祖国强，何俏君，张志德，等. 无人驾驶环境感知中多源数据融合应用综述 [J]. 汽车文摘，2022，(8): 8–13.

[37] 赵瑜，孙宏海，高文. 基于局部特征的无人机集群目标检测跟踪方法 [J]. 国外电子测量技术，2023，42(8): 183–189.

[38] 邵盼愉. 基于视觉的无人机入侵检测与跟踪系统设计与实现 [D]. 浙江大学，2018.

[39] 赵建宏. 低空目标探测及宽带雷达信号检测研究 [D]. 电子科技大学，2008.

[40] 韩逸豪. 基于声阵列的无人机侦测定位方法研究 [D]. 哈尔滨工业大学, 2021.

[41] 宋晓程, 冯舒婷, 姜涛, 等. 基于 PACA 的复杂空中目标战术意图识别方法 [J]. 现代防御技术, 2024, 52(3): 48–54.

[42] 张晨浩, 周焰, 蔡益朝, 等. 空中目标作战意图识别研究综述 [J/OL]. 现代防御技术, 2024: 1–16.

[43] Wang S, Wang G, Fu Q, et al. STABC-IR: An air target intention recognition method based on bidirectional gated recurrent unit and conditional random field with space-time attention mechanism[J]. Chinese Journal of Aeronautics, 2023, 36(3): 316–334.

[44] 李江涛. 复杂环境下协同态势推理关键技术研究 [D]. 西安电子科技大学, 2022.

[45] 周末, 孙海文, 王亮, 等. 国外反无人机蜂群作战研究 [J]. 指挥控制与仿真, 2023, 45(2): 24–30.

[46] 孙海文, 于邵祯, 周末, 等. 反无人机蜂群作战指挥控制系统 [J]. 指挥控制与仿真, 2023, 45(2): 31–37.

[47] 隋丽蓉, 高曙, 何伟. 基于多智能体深度强化学习的船舶协同避碰策略 [J]. 控制与决策, 2023, 38(5): 1395–1402.

[48] 袁景凌, 陈旻骋, 江涛, 等. 异构云环境下 AHP 定权的多目标强化学习作业调度方法 [J]. 控制与决策, 2022, 37(2): 379–386.

[49] 章胜, 杜昕, 肖娟, 等. 基于深度强化学习的固定翼飞行器六自由度飞行智能控制 [J]. 指挥与控制学报, 2022, 8(2): 179–188.

[50] 陈立新. 防空导弹网络化体系效能评估 [M]. 北京: 国防工业出版社, 2007.

[51] 焦士俊, 刘锐, 刘剑豪, 等. 反无人机蜂群作战效能评估 [J]. 舰船电子对抗, 2019, 42(4): 27–32.

[52] 王肖飞, 李冬, 丁伟锋, 等. 反无人机集群作战研究 [J]. 飞航导弹, 2020, (9): 48–51+56.

[53] 李彤. 定向破片战斗部对无人机群毁伤效能评估 [D]. 沈阳理工大学, 2023.

[54] 宋彬杰, 王远航, 张琪. 基于集成堆叠神经网络的某反无人机系统作战效能评估问题研究 [J]. 舰船电子工程, 2023, 43(4): 145–149.

[55] 韩松臣. 导弹武器系统效能分析的随机理论方法 [M]. 北京: 国防工业出版社, 2001.

[56] 赵曰强. 防空导弹武器系统费效分析建模及方法研究 [D]. 哈尔滨工业大学, 2019.

[57] 陈文奇. 防空导弹武器系统作战效能评估分析 [D]. 厦门大学, 2006.

[58] 杨凤鸣. 防空导弹武器系统作战效能分析 [J]. 系统工程与电子技术, 1991, (6): 52–57+63.

[59] 刘婷. 武器系统效能评估中毁伤概率研究 [D]. 哈尔滨工业大学, 2012.

[60] 赵文婷. 防空导弹网络化体系作战效能评估指标与验证方法 [J]. 现代防御技术, 2013, 41(2): 6–11+29.

[61] 刘文学, 王涛, 李赵健伟, 等. 反无人机装备发展现状及趋势 [C]//中国工程院, 西北工业大学, 中国航天科工集团有限公司, 国防科技大学. 2022 年无人系统高峰论坛（USS2022）论文集. 中国人民解放军陆军炮兵防空兵学院, 2022.

[62] 美军采用的 10 种反无人机武器 [EB/OL]. 中国指挥与控制学会, 2023.

[63] 罗斌, 黄宇超, 周昊. 国外反无人机系统发展现状综述 [J]. 飞航导弹, 2017, (9): 24–28.

[64] 胡常一. 无人机导航欺骗系统关键技术研究 [D]. 国防科技大学, 2018.

[65] 符强, 吴传宇, 纪元法, 等. 无人机导航诱骗系统及其控制电路 [E]. 广西壮族自治区, 桂林电子科技大学, 2021–9–3.

[66] 中华人民共和国飞行基本规则 [J]. 中华人民共和国国务院公报, 2000, (28): 5–18.

[67] 通用航空飞行管制条例 [J]. 中华人民共和国国务院公报, 2003, (6): 8–12.

[68] 无人驾驶航空器飞行管理暂行条例 [J]. 中华人民共和国国务院公报, 2023, (20): 6–16.

[69] 国务院关于通用航空管理的暂行规定 [J]. 中华人民共和国国务院公报, 1986, (2): 55–57.

[70] 关于加强民用无人机等 "低慢小" 航空器安全管理的通告 [EB/OL]. 广东省公安厅门户网站, 2017.

[71] 关于加强民用无人机等"低慢小"航空器安全管理的通告 [EB/OL]. 上海市公安局门户网站, 2020.

[72] 上海市人民政府关于加强第六届中国国际进口博览会期间无人机等"低慢小"航空器安全管理的通告 [J]. 上海市人民政府公报, 2023, (21): 6.

[73] 中华人民共和国治安管理处罚条例 [J]. 中华人民共和国最高人民检察院公报, 1994, (2): 9–15.

[74] 国务院关于印发"十四五"现代综合交通运输体系发展规划的通知 [J]. 中华人民共和国国务院公报, 2022, (4): 8–28.

[75] 中共中央国务院印发《国家综合立体交通网规划纲要》[J]. 中华人民共和国国务院公报, 2021, (8): 25–37.

[76] 杭州市人民政府关于第 19 届亚运会和第 4 届亚残运会筹备举办期间对"低慢小"航空器及空飘物实施临时管控的通告 [J]. 杭州市人民政府公报, 2023, (8): 3.

[77] MH 5001–2006, 民用机场飞行区技术标准 [S].

[78] 中华人民共和国国务院新闻办公室. 新时代的中国国防 [N]. 解放军报, 2019–7–25(3).

[79] 范昕茹. 无人机托起低空经济 [N]. IT 时报, 2023-07-21(5).

[80] 牛新亚, 李建昭, 蔡军. 低空开放, 不等于低空放开 [N]. 人民日报, 2011-05-31(2).

[81] 徐冬梅, 宋博见. 智能无人机集群及其发展探索 [J]. 信息技术与标准化, 2022, (3): 22–24.

[82] 俞青青, 邢更力. 我国无人机在应急救援中的应用与发展 [J]. 职业卫生与应急救援, 2021, 39(3): 350–355.

[83] 王书恒. 国外反无人机系统的发展动态和未来趋势 [J]. 军事文摘, 2022, (3): 43–47.

[84] 李明明, 卞伟伟, 甄亚欣. 国外"低慢小"航空器防控装备发展现状分析 [J]. 飞航导弹, 2017, (1): 62–70.

[85] 方逸远. 基于幅度特征的飞鸟与无人机雷达目标分类方法 [J]. 信息化研究, 2022, 48(2): 12–17.

[86] 马俊. 对付无人机中国有多种"利器"[N]. 环球时报, 2022-11-12(4).

[87] 闫家鼎. "低慢小"无人机蜂群反制作战任务链建模与部署优化 [D]. 国防科技大学, 2021.

[88] 程擎, 伍瀚宇, 吉鹏, 等. 一种民用无人机反制系统评估方法 [J]. 电讯技术, 2022, 62(9): 1231–1239.

[89] 韩亮, 任章, 董希旺, 等. 多无人机协同控制方法及应用研究 [J]. 导航定位与授时, 2018, 5(4): 1–7.

[90] 王瑶, 齐霞, 覃亦儒. 无人机集群威胁与警务应对策略初探 [J]. 广东公安科技, 2021, 29(2): 15–17.

[91] 张旭东, 李少波, 李传江, 等. 无人机集群综述: 技术、挑战与未来 [J]. 无线电工程, 2023, 53(7): 1487–1501.

[92] 王保兵, 王凯, 王丹丹, 等. 地下复杂空间无人机研究进展及其面临的挑战 [J]. 工矿自动化, 2023, 49(7): 6–13+48.

[93] 刘杰. 城市微型无人机防卫体系的理论与方法研究 [D]. 上海工程技术大学, 2021.

[94] 任泽裕, 王振超, 柯尊旺, 等. 多模态数据融合综述 [J]. 计算机工程与应用, 2021, 57(18): 49–64.

[95] 张勇. 高分辨毫米波雷达目标探测技术研究 [D]. 哈尔滨工业大学, 2021.

[96] 匡兴红. 无线传感器网络中定位跟踪技术的研究 [D]. 上海交通大学, 2008.

[97] 匡兴红, 邵惠鹤. 改进的 SRCDKF-PF 算法及在 BOT 系统中的应用 [J]. 系统仿真学报, 2008, (6): 1508–1510+1514.

[98] 马兰. 热红外遥感图像典型目标识别技术研究 [D]. 解放军信息工程大学, 2017.

[99] 滕飞, 刘曙, 宋亚飞. BiLSTM-Attention: 一种空中目标战术意图识别模型 [J]. 航空兵器, 2021, 28(5): 24–32.

[100] 童幼堂. 舰空导弹指挥决策模型及应用研究 [D]. 大连理工大学, 2009.

[101] 童幼堂, 王延章. 舰空导弹模糊加权射击效能评估模型 [J]. 火力与指挥控制, 2006, (10): 29–32.

[102] 蒋冬婷, 范长军, 雍其润, 等. 面向重点区域安防的无人机探测与反制技术研究 [J]. 应用科学学报, 2022, 40(1): 167–178.

[103] 程擎，伍瀚宇，吉鹏，等.民用无人机反制技术及应用场景分析 [J].电讯技术，2022，62(3): 389–398.

[104] 王华天，黄宏胜，张春，等.末端反蜂群作战仿真建模方法研究 [J/OL].火炮发射与控制学报，2024: 1–7.

[105] 董诗音.基于增强学习的智能体博弈问题研究 [D].哈尔滨工业大学，2019.

[106] 张鹏程.基于博弈的空中目标航迹预测及攻防对抗研究 [D].浙江大学，2023.

[107] 项磊.基于多智能体强化学习算法的无人机集群对抗任务研究 [D].国防科技大学，2020.

[108] 张红强，石佳航，吴亮红，等.改进 MADDPG 算法的非凸环境下多智能体自组织协同围捕 [J/OL].计算机科学与探索，2024: 1–11.

[109] 卢锐，彭鹏菲.基于梯度熵正则化的改进型 QMIX 网络 [J].电光与控制，2023，30(4): 78–82+99.

[110] 张炜，马殿哲，高天婵，等.无人机集群网络拓扑结构自适应控制技术研究 [J].火力与指挥控制，2022，47(12): 152–156.

[111] 潘永强，吴凯，董诗音，等.基于遗传算法的区域防空部署应用 [J].指挥与控制学报，2020，6(3): 271–277.

[112] 刘卓承，张云雷，刘涛，等.基于 DEM 数据和遗传算法的对海雷达部署优化研究 [J].指挥控制与仿真，2023，45(3): 113–118.

[113] 李豇粼，张静骁，张凯博，等.基于模拟退火与 BEHHO 算法的火力分配方案优化 [J].电脑知识与技术，2023，19(7): 21–23+34.

[114] 朱建文，赵长见，李小平，等.基于强化学习的集群多目标分配与智能决策方法 [J].兵工学报，2021，42(9): 2040–2048.

[115] 李沐阳.基于 EER-PPO 算法的自主水下机器人路径跟踪及自主避障研究 [D].山东大学，2022.

[116] 田树森，姚景顺，饶世钧.舰载雷达低空作战性能评估 [J].火力与指挥控制，2006，(9): 73–75+90.

[117] 贺沁荣，赵全习.联合防空预警体系探测巡航导弹效能分析 [J].指挥控制与仿真，2009，31(6): 59–62.

[118] 徐安德.防空导弹武器系统反空袭、抗多目标作战效能的评定 [J].航空兵器，2004，(4): 36–38.

[119] 周伟，马书红.基于木桶理论的公路交通与经济发展适应性研究 [J].中国公路学报，2003，(3): 78–83.

[120] 马平，付相春，王继永.基于队策论的不同指挥方式下防空体系效能分析 [J].舰船电子工程，2009，29(7): 60–63.

[121] 杨镜宇，唐本富，吴曦，等.面向事件认知的战略博弈系统设计 [J].军事运筹与系统工程，2020，34(3): 59–65.

[122] 田云飞，严建钢.航空反潜网络化体系作战效能 [J].火力与指挥控制，2011，36(5): 125–128+132.

[123] 董文洪，卜先锦，任义广，等.基于假设检验的编队组织决策设计 [J].火力与指挥控制，2006，(9): 8–11.

[124] 韩超.作战推演中智能博弈对抗算法水平评估模型研究 [J].舰船电子工程，2020，40(9): 27–30.

[125] 田云飞，赵志允，李祥珂.网络化反潜体系效能评估分析 [C]//中国自动化学会系统仿真专业委员会，中国仿真学会仿真技术应用专业委员会.第 21 届中国系统仿真技术及其应用学术年会论文集（CCSSTA21st 2020）.海军潜艇学院，2020: 4.

[126] 田云飞，严建钢.航空反潜网络化体系认知域效能研究 [J].舰船科学技术，2010，32(11): 93–96.

[127] 彭玫瑜.浅谈油库智能化水平提升方案 [J].石化技术，2023，30(10): 224–226.

[128] 微功率 (短距离) 无线电设备的技术要求 [EB/OL].工业和信息化部，2005.

[129] 徐行.中国通用航空发展现状及对策分析 [J].西安航空学院学报，2014，32(6): 34–40.

[130] 上海市人民政府关于加强第四届中国国际进口博览会期间无人机等 "低慢小" 航空器安全管理的通告 [J].上海市人民政府公报，2021，(22): 15.

[131] 中国信息协会通用航空分会.一目了然让你知道农业植保无人机该怎么飞 [J].农业工程技术，2018，38(9): 10–11.